REDLINE | VERLAG

Cornelia Czaker

Kein Business ohne Text

Die drei Erfolgsfaktoren der Onlinekommunikation –

für Webtexte, Newsletter, Social Media und mehr

Bibliografische Information der Deutschen Nationalbibliothek
Die Deutsche Nationalbibliothek verzeichnet diese Publikation in der Deutschen Nationalbibliografie. Detaillierte bibliografische Daten sind im Internet über http://dnb.d-nb.de abrufbar.

Für Fragen und Anregungen
info@redline-verlag.de

1. Auflage 2021

Türkenstraße 89
80799 München
Tel.: 089 651285-0
Fax: 089 652096

Redaktion: Bärbel Knill
Umschlaggestaltung: Catharina Aydemir
Umschlagabbildung: Yganko/Beautifil Palm Tree Leaf
Satz: ZeroSoft, Timisoara
Druck: GGP Media GmbH, Pößneck
Printed in Germany

ISBN Print 978-3-86881-852-9
ISBN E-Book (PDF) 978-3-96267-343-7
ISBN E-Book (EPUB, Mobi) 978-3-96267-344-4

Cornelia Czaker

Kein Business ohne Text

INHALT

»Herr Staudinger, wenn Sie einen Tipp für Gründerinnen und Gründer haben, welcher Tipp wäre das?«

»Ich glaube ganz im Ernst, dass man die Menschen gernhaben muss.«

– Heinrich Staudinger, Januar 2021

VORWORT

Sie können schwimmen? Gratuliere! Fahrrad fahren? Na bitte! Texte für Ihr Unternehmen formulieren? Nicht?

Seit ich mich mit meinem Unternehmen »Schreibamt« selbstständig gemacht habe, sind mir haufenweise Texte untergekommen: gute, mäßig gute, schlechte. Klar, als Texterin und Lektorin habe ich auch in erster Linie mit dem Lesen und Schreiben zu tun. Klar ist aber auch, dass man das gelungene Schreiben lernen kann. Ich möchte gar nicht vom klassisch »guten« Text sprechen. Den gibt es – und dazu auch Literatur en masse.

Was Sie in diesem Buch erwartet, sind einerseits Tipps, wie Sie Ihre eigenen, individuell auf Ihr Unternehmen abgestimmten Businesstexte selbst formulieren können.

Und wenn Sie sich das nicht zutrauen – auch kein Problem. Dann werden Sie mit diesem Buch zwischen guten und schlechten Texten zu unterscheiden lernen. Denn diese Kompetenz ist in meinen Augen mindestens genauso wichtig wie das Schreiben selbst. Schließlich möchten Sie sich nicht irgendeinen Text vorsetzen, umhängen oder auftischen lassen! Der Beste ist für Ihr Unternehmen gerade gut genug!

Gibt's jetzt kein Aber? Leider schon. Denn ich möchte die Berechtigung von professionellen Texter*innen und PR-Agenturen in keiner Weise schmälern. Dass große Unternehmen große Stücke auf sie halten, ist richtig, nachvollziehbar, gut. Mein Anliegen jedoch ist es, Ihnen als Unternehmer*in, Gründer*in, Start-up – wie immer Sie sich nennen mögen – einen Guide an die Hand zu geben, mit dem Sie es nach der

Lektüre dieses Buches schaffen, Ihre eigenen Businesstexte zu formulieren. Texte, die ankommen, Texte, die Ihnen selbst Freude bereiten werden, aber in erster Linie Texte, die zu Ihnen passen und Ihre Unternehmensphilosophie widerspiegeln. Denn bevor ich begonnen habe, mich beruflich dem Lesen und Texten zu verschreiben, habe ich Pädagogik studiert. Und wenn ich beim Unterrichten und über die Jahre eines gelernt habe, dann, dass mit den richtigen Erklärungen fast jeder fast alles lernen kann. Weit über das Schwimmen und Fahrradfahren hinaus.

Viel Freude und Erfolg mit meinem Buch!

Herzlichst,
Cornelia Czaker

Teil 1

Die 3-Faktoren-Formel

KEIN BUSINESS OHNE TEXT

Die Binsenweisheit

Wie schön, dass wir uns heute kennenlernen. Und danke, dass Sie sich vor dem Kauf dieses Buches von der Binsenweisheit, die in diesem Titel steckt, nicht haben abschrecken lassen. Das Blöde ist nur: Allein aufgrund der Tatsache, dass etwas logisch ist, ist es noch lange nicht leicht. Und noch viel weniger einfach. Kein Business ohne Text also? Ganz genau. Aber bevor wir uns im Detail mit den einzelnen Faktoren befassen, auf die es ankommt, wenn Sie gute Texte schreiben möchten, möchte ich Ihnen noch kurz gratulieren.

Weil ich davon ausgehe, dass Sie entweder gerade ein Unternehmen gegründet haben, noch mitten im Gründungsprozess stecken oder allenfalls zumindest mit dem Gedanken spielen, von nun an selbstständig Ihre beruflichen Pfade zu beschreiten. Und selbst wenn es »nur« eine erste Idee oder der Hauch, der Anflug einer Gründungs-Ahnung ist: Ich gratuliere! Denn zum Selbstständigmachen gehört neben einer Portion Mut auch Durchhaltevermögen und jede Menge Überzeugungsarbeit, die es zu leisten gilt. Freunden gegenüber – sei vorsichtig, das ist bei Hubert auch in die Hose gegangen. Eltern gegenüber – wolltest du nicht lieber Medizin studieren? Dem Partner gegenüber – können wir uns dieses Hobby überhaupt leisten? Und allen voran der wichtigsten Person, nämlich Ihnen selbst gegenüber – Kann ich das? Werde ich erfolgreich sein? Ist die Selbstständigkeit das, was ich will? Wo kann ich all das lernen, was ich für das Gründen eines Unternehmens brauche? Wer hilft mir? Die Liste der Fragen scheint schier endlos.

Diese Zeilen bringen mich gedanklich unweigerlich in meine eigene Gründungsgeschichte. Auch bei mir begann alles mit einer ersten Idee. Und einer jungen Frau. Die nicht wusste, wie sie ihr Unternehmen nennen sollte. Mit Schreiben sollte es zu tun haben, das war klar. Hier in der Gegend gibt es ein nettes Fischlokal, das Marktamt. Ein netter Name, wie ich finde. Amt hat aber auch irgendwie etwas Bürokratisches. Wer kann schon Ämter leiden? Andererseits scheint der Begriff »Amt« irgendwie auch gerade in Mode. Und es klingt einfach. So entstand Schreibamt. Mein Unternehmen.

Jetzt, da ich dieses Buch schreibe, bin ich in meinem vierten Unternehmensjahr. Ich will ehrlich sein. Neben zwei noch so kleinen Kindern ist es nicht gerade das, was man normalerweise »einfach« nennt, sein Unternehmen am Laufen zu halten. Aber wer dieses Buch liest, weiß vermutlich genau, wovon ich spreche. Denn »einfach« ist die Selbstständigkeit ja ohnehin nie. Und Zeit? Zeit hat auch niemand. Aber wir haben uns nicht hier getroffen, um festzuhalten, mit welchen Schwierigkeiten jeder von uns konfrontiert ist, sondern um Ihre Businesstexte auf ein neues Level zu bringen.

Dieses Buch soll einen Beitrag leisten, Ihnen die Selbstständigkeit zumindest in einem Bereich zu vereinfachen, nämlich immer dann, wenn es ums Texten geht, wenn Sie Texte für Ihr Unternehmen schreiben. Mein Ziel ist es, dass Sie mein Buch über die Jahre begleitet und Sie es immer dann aus dem Regal holen, wenn Sie selbst gerade Folgendes auf Ihrer Agenda haben:

- Webtexte schreiben, überarbeiten, updaten
- einen Pressetext formulieren
- Folder kreieren
- E-Mail-Marketing
- E-Social-Media-Kanäle bespielen

Sie werden merken, dass das Buch überschaubar und übersichtlich geschrieben ist. Der Fokus liegt auf dem Wesentlichen. Ich gehe davon aus: Wenn Sie mehr über die Theorien und Methoden des Textens lernen möchten, werden Sie dazu entweder einen Lehrgang besuchen oder sich in diese Themen anderweitig einlesen. Dieses Handbuch ist tatsächlich als Tool zu sehen. Stellen Sie sich vor, Sie wären gerade in einem meiner Start-up-Workshops. Sie nehmen Platz und Ihren Lieblingsstift zur Hand. Sie öffnen Ihren Laptop und eine leere, weiße Seite Digitalpapier. Sie schenken sich ein Glas Wasser ein und mir Ihre ganze Aufmerksamkeit. Startklar? Jetzt aber los.

Texten oder texten lassen?

Ab dem Zeitpunkt der Unternehmensgründung ist klar, dass alles, was passiert, auf Ihren Entscheidungen basiert. Ob und wie viele Mitarbeiter*innen Sie haben werden, wo der Unternehmensstandort ist, für welche Bereiche des Unternehmens Sie Spezialist*innen hinzuziehen werden, welche Produkte auf den Markt kommen, wie die Zielgruppe definiert ist – all das sind Fragen und Überlegungen, die sich Unternehmer*innen im Rahmen der Gründung stellen müssen. Die Entscheidungen, die getroffen werden müssen, werden von vielen Faktoren beeinflusst: Kapital, Wohnort, Jahresumsatz etc. Was jedoch viele Start-ups miteinander verbindet, ist die Tatsache, dass sie mit Geld haushalten müssen und das Budget zu Beginn oft überschaubar ist. Bevor ein Unternehmen marktreif ist, muss in der Regel erst einmal investiert werden. Einerseits ist man in diesem Prozess bestrebt, zu sparen, wo dies möglich ist; andererseits muss sich ein Gründer, eine Gründerin aber auch der eigenen Grenzen bewusst sein und wissen, wofür es sich lohnt, Expert*innen zurate zu ziehen.

Unternehmenstexte werden da aus meiner Erfahrung gerne ein bisschen stiefmütterlich behandelt. Ich kann das verstehen. Das hat meines Erachtens zwei Gründe: Fälschlicherweise gehen wir oft davon aus, dass sich Kund*innen sowieso eher von Bildern beeinflussen lassen und Texte gar nicht so wichtig seien. Oder aber man unterschätzt das Texten, nach dem Motto: In der Schule habe ich ja auch schon einmal einen Aufsatz geschrieben, kann ja nicht so schwer sein. Aber egal, was konkret die Gründe sind. Tatsache ist, dass Texter*innen neben einem breiten Allgemeinwissen in der Regel auch über Kompetenzen im Bereich Marketing verfügen und wissen, worauf es beim Schreiben ankommt. Bilder allein werden auf einer Website kaum ausreichen, und Unternehmenstexte sind keine Schulaufsätze. Muss man also immer viel Geld für Texter*innen investieren? Muss man nicht. Aber wenn einem schon das Schreiben einer Einkaufsliste Bauchweh bereitet und man selbst zu Anlässen wie Geburtstagen getrost auf das Kartenschreiben mangels Ideen verzichtet, dann würde ich Ihnen doch Folgendes raten: Lassen Sie das Texten besser sein und überlassen Sie es einem Texter, einer Texterin.

Warum es sich aber dennoch – fast immer! – lohnt, selbst kreativ zu werden, erkläre ich anhand der 3-Faktoren-Formel.

Wer will, der kann

Ab sofort gehen wir, meine Texter-Erfahrung und Ihre Businessidee, Seite an Seite. Wenn Sie diese Zeilen lesen, befinden Sie sich wahrscheinlich gerade im Gründungsprozess und möchten lernen, eigene Businesstexte zu gestalten. Dabei möchte ich Ihnen helfen. Es geht nicht nur darum, am Anfang, wo noch kein oder wenig Umsatz vorhanden ist, Geld zu sparen und so recht und schlecht irgendwie seinen Webauftritt mit Wörtern zu füllen. Es geht darum, sein eigenes Unternehmen noch besser kennenzulernen, sich noch intensiver mit Unternehmenstexten zu beschäftigen und gleichzeitig deren Relevanz für den Erfolg des Unternehmens zu erkennen. Das Texten per se wird Sie im Übrigen in all den Jahren als Unternehmer*in begleiten. Denn wenn die Website einmal fertig getextet ist, heißt das nicht, dass sie nicht immer wieder überarbeitet werden muss. Manchmal ist es sinnvoll, den Webauftritt saisonal upzudaten, beispielsweise, wenn man quartalsmäßig Workshops anbietet. Oder ein spezielles Produkt jeweils zu Weihnachten und zu Ostern launchen möchte. Es macht einen großen Unterschied, ob der Webauftritt einen Shop dabeihat oder nicht, vor allem wenn es um die Auswahl der Bilder geht. Machen Sie sich bewusst, dass die Wahl der Bilder im Sommer vermutlich anders ausfallen wird als im Winter.

Überprüfen Sie daher mindestens einmal im Quartal, ob Bild und Text noch angemessen und vor allem aktuell sind.

Ich möchte Ihnen hier nicht nur zeigen, wie Sie selbst professionelle Texte gestalten können, sondern Sie werden im Anschluss an das Buch auch die Analysefähigkeit besitzen, als Expert*in für Ihre individuellen Texte diese immer auf dem neuesten Stand zu halten. Meine Top Ten am Ende des Buches werden alle wesentlichen Punkte hierfür noch mal zusammenfassen.

Darum braucht Ihr Unternehmen gute Texte

Kennen Sie Paul Watzlawicks Geschichte mit dem Hammer? Ja? Prima. Dann geht's gleich weiter mit der Moral. Falls nein, googeln Sie doch mal kurz. Diese Form der misslungenen Kommunikation, klassischerweise auch Missverständnis genannt, begegnet uns im Alltag ständig. Vielleicht haben Sie noch nicht rüpelhaft an die Tür Ihres Nachbarn geklopft und gebrüllt, er möge doch seinen Hammer behalten. Vielleicht ist es Ihnen aber schon mal passiert – ich bin mir sogar sicher –, dass Sie jemandem etwas unterstellt haben, was gar nicht seine oder ihre Absicht war.

Als Unternehmer*in ist es daher wichtig, glasklare, verständliche Botschaften zu senden. Ihrem Unternehmen darf es keinesfalls so gehen wie dem missverstandenen Nachbarn. Wenn Ihre Wunschkund*innen Ihre Botschaft immer wieder fehldeuten oder Ihre Produkte nicht verstehen, dann läuft's textlich schon gewaltig aus dem Ruder.

Wenn Sie mit jemandem kommunizieren möchten – mit Ihrem Nachbarn, Ihrer Tante, Ihrem Hund –, dann funktioniert diese Kommunikation in der Regel über Sprache, Mimik, Gestik. Und im Normalfall liegt der Fokus dann auf dem gesprochenen oder geschriebenen Wort. So funktioniert auch die Kommunikation von Unternehmen zu Kundschaft.

Es gibt kein Unternehmen ohne Text.

Wie wichtig die Kommunikation zwischen Unternehmen und Kund*innen ist, zeigt ein Blick in die Verkaufspsychologie.

Merci, dass es dich gibt. Na, um welches Produkt handelt es sich? Erraten? Welcher Energydrink *verleiht Flügel*? Und wer will wissen, ob du *noch wohnst oder schon lebst*? Na? Ja, sie alle haben mit ihren PR-Agenturen den Nagel auf den Kopf getroffen. Oder vielmehr: den Kunden, die Kundin mitten ins Herz. Denn eines muss klar sein, wenn es um gelungene Texte für Ihr Unternehmen geht

- **Businesstexte wecken Emotionen.**
- **Businesstexte holen die Kund*innen bei ihren Bedürfnissen ab.**
- **Businesstexte erfüllen imaginäre Wünsche und geben Versprechen.**

Das sind die Gründe, warum *Merci, dass es dich gibt* wirkt. Was sagt der Satz denn eigentlich? Ich mag dich. Ich liebe dich. Ich bin dir dankbar.

Du bist ein wertvoller Mensch für mich. Möglicherweise kann ich dir all das nicht sagen. Vielleicht bin ich zu schüchtern oder mir sind meine Gefühle (noch) gar nicht so bewusst. Aber die Packung Pralinen kann. Geht mitten ins Herz, oder?

Mitten in die Blutbahn geht all der Zucker eines populären Energydrinks. Wobei es hier gar nicht um ernährungstechnische Aspekte und Zutaten, sondern vielmehr um das Versprechen geht. *XY* verleiht Flügel. Das ist eine Zusage, die das Produkt macht. In der Folge kauft der Kunde, die Kundin das Produkt und damit gleichzeitig dem Unternehmen sein Versprechen ab.

Und das ist auch die Antwort auf die Frage, warum Sie als Unternehmer*in, Gründer*in, Start-up Texte brauchen. Sie brauchen Businesstexte, um Kund*innen zu generieren.

Was wäre, wenn es nur eine Schachtel Pralinen ohne Aufdruck und einen Energydrink ohne Slogan gäbe? Ich will gar nicht erst mutmaßen, wie viel weniger Umsatz die genannten (beziehungsweise eigentlich nicht genannten) Firmen dann hätten.

Produkt/Dienstleistung und Businesstext gehen Hand in Hand.

Was wir aus der Psychologie wissen, ist, dass Werbung meist unbewusst wirkt. Sie spricht also nicht unser Bewusstsein an, sondern weckt positive Gefühle, unter anderem auch Verlangen, mittels Bilder und Sprache. Machen Sie sich diese Wirkung für Ihr Business zunutze.

DIE 3-FAKTOREN-FORMEL FÜR KUNDENWIRKSAME BUSINESSTEXTE

Gute Texte leben, wirken und »schmecken« aufgrund von drei Faktoren: aufgrund des Wissens über Ihre Wunschkund*innen, des Wissens über das eigene Unternehmen und des Wissens über sprachliche Gestaltungsmöglichkeiten. Je genauer Sie diese drei Komponenten kennen und für sich analysiert haben, umso eher werden Sie mit Ihren Texten eine Punktlandung hinlegen.

Sie sind für das kreative Formulieren Ihrer Businesstexte startklar, sobald die folgenden drei – meiner Ansicht nach wichtigsten – Fragen, die sich ein Unternehmer, eine Unternehmerin im Zuge der Gründung stellen sollte, für Sie beantwortet wurden:

- Faktor 1: Wer ist mein*e Wunschkund*in?
- Faktor 2: Was will ich mit meinen Texten erreichen?
- Faktor 3: Habe ich die sprachlichen Mittel dazu?

DIE 3-FAKTOREN-FORMEL

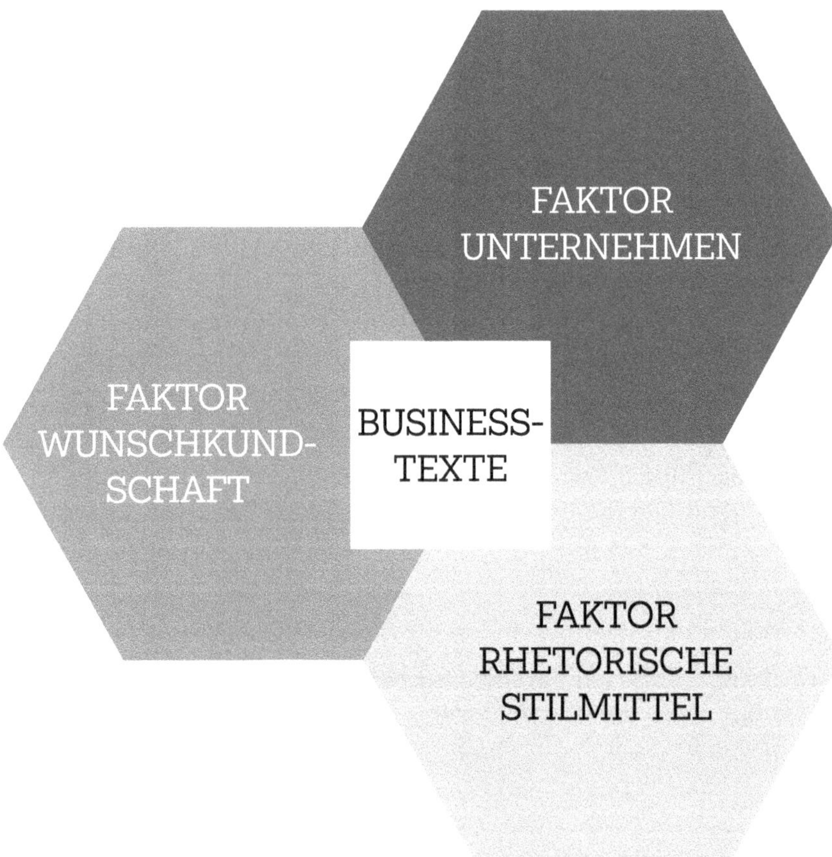

Warum eine Formel?

Wir Menschen lieben Formeln. Formeln fürs Glücklichsein, Formeln für effizientes Arbeiten, Formeln für eine gelungene Beziehung, Formeln für glückliche Kinder. Stellen wir also auch eine Formel für kundenwirksame Texte auf:

Faktor 1: Unternehmerwissen (Werte, Identifikation, ...) + Faktor 2: Wissen über deine*n Wunschkund*in (Was wollen meine Kund*innen? Wer sind meine Kund*innen?) + Faktor 3: Rhetorik = Ihre Businesstexte

Grundsätzlich stellt diese Formel für alle Kanäle gleichermaßen die Basis gelungener Kommunikation dar. Sie gilt einerseits für digitale Kundenkommunikation, bei der Sie als Gründer, als Gründerin aktiv mit dem Kunden, der Kundin kommunizieren – allerdings nicht in Echtzeit, sondern zeitlich versetzt. Die Formel gilt für den E-Mail-Verkehr, Newsletter und Mailings, Social-Media-Kanäle und Webtexte. Sie gilt aber auch für Kundenkommunikation, die in Echtzeit abläuft. Für Akquisegespräche genauso wie fürs Beschwerdemanagement oder Social-Media-Kanäle, wenn beispielsweise gechattet wird.

Ich habe die 3-Faktoren-Formel auch deshalb so genannt, weil sie uns so wunderbar vor Augen führt, was passiert, wenn wir eine der drei Kategorien vernachlässigen. Unsere Businesstexte funktionieren dann nicht mehr. Es ist immer die Summe aus den drei Faktoren Unternehmen, Wunschkund*in und Sprache, die als Garant für kundenwirksame und kreative Texte gesehen werden kann. Folgen Sie mir auf ein kurzes Gedankenexperiment.

Szenario 1: Faktor Sprache fehlt

Als Unternehmer*in haben Sie sich bereits ausführlich mit den Zielen und Werten Ihrer Firma auseinandergesetzt. Sie wissen, wo Sie hinmöchten und wer Ihr*e Wunschkund*in ist. Lediglich das Wissen über die sprachliche Umsetzung Ihrer Ideen fehlt. Was tun Sie? Sie können Ihre eigenen Businesstexte nicht selbst formulieren und müssen einen Texter, eine Texterin engagieren.

Szenario 2: Faktor Wissen über das Unternehmen fehlt

Als Unternehmer*in haben Sie sich bereits ausführlich mit Ihrem Wunschkunden, Ihrer Wunschkundin auseinandergesetzt. Sie wissen, wer bei Ihnen kaufen wird. Auch sprachlich haben Sie viel gelernt. Dank einschlägiger Literatur und einem Workshop zum Thema Kundenkommunikation wissen Sie nun, worauf es bei kundenwirksamen Texten ankommt. Nur Ihre Unternehmens-Persönlichkeit ist noch nicht ganz geklärt. Sie zeigen auf den jeweiligen Kommunikationsplattformen ein unterschiedliches Bild Ihrer Firma. Was passiert? Der Kunde, die Kundin ist verwirrt und nimmt Ihr Unternehmen als nicht authentisch wahr.

Szenario 3: Faktor Wunschkund*in fehlt

Als Unternehmer*in haben Sie sich bereits ausführlich mit den Zielen und Werten Ihrer Firma auseinandergesetzt. Sie wissen, wo Sie hinmöchten, und kennen die dafür nötige Rhetorik. Da Sie Ihren Wunschkunden, Ihre Wunschkundin noch nicht kennengelernt haben, sprechen Sie ihn oder sie auf den unterschiedlichen Kanälen jeweils anders an. Auch Ihr Angebot ist für Ihre Wunschkund*innen nicht logisch, da Sie beispielsweise einmal Produkte in Bio-Qualität, dann aber wieder Produkte aus konventioneller Landwirtschaft anbieten. Das ist verwirrend und nicht konsistent. Ihr*e Kund*in liebt und lebt bio. Was passiert? Die Kundschaft fühlt sich nicht mehr angesprochen und sucht sich einen anderen Anbieter.

Es wird schnell klar, worauf ich hinauswill. Der Text als gelungenes Ergebnis der drei Faktoren Unternehmen, Wunschkund*in und Sprache basiert auf dem Wissen über eben alle drei Faktoren. Ausnahmslos.

Praxisbeispiel für die angewandte 3-Faktoren-Formel

Eine Firma, die die 3-Faktoren-Formel für sich wunderbar umgesetzt hat, ist das österreichische Unternehmen »dazu Manufaktur«. »dazu« produziert in erster Linie Senf beziehungsweise Senfsoßen und Chilipasten in hoher Bio-Qualität. Das Unternehmen ist etwa 25 Kilometer südlich von Wien ansässig. Wir werden in Teil 3 des Buches nochmals auf »dazu« zurückkommen. Wenn Sie gerade die Möglichkeit haben, online zu gehen, machen Sie sich gerne selbst ein Bild unter www.dazu.at.

Bereits das Heading verrät die Werte des Unternehmens und spiegelt die Wünsche der Kund*innen wider:

Die Love-Words *Bio-Produkte* und *Manufaktur* machen sofort deutlich, worum es dem Unternehmen geht. Man möchte der Kundschaft erzählen, dass es sich hier um handgemachte Produkte in hoher Bio-Qualität handelt. »Handgemacht« steht hier natürlich im Gegensatz zu maschinell erzeugten Massenprodukten. Der Kunde, die Kundin erkennt sofort, was dem Unternehmen wichtig ist: Natur, Bio, Handarbeit. Denn mit Handarbeit wird natürlich noch etwas verkauft, nämlich das Handverlesen-Sein. Es ist ja nur die logische Konsequenz, dass Produkte, die in Handarbeit hergestellt werden, im Vergleich zu Massenprodukten oft auch in kleineren Mengen produziert werden. Ergo: Diesen Senf, den hat nicht jeder. Der Kunde, die Kundin fühlt sich einer ausgewählten Gruppe zugehörig. Er oder sie ist privilegiert genug, diese Produkte zu kaufen und zu konsumieren. Die Werte des Unternehmens und die Werte der Kundschaft ergeben einen Match.

Jetzt liegt es daran, diese Werte in die richtige Sprache zu bringen. Das hat die »dazu Manufaktur« für sich verstanden. Die weiteren Love-Words, die den Kund*innen unmittelbar auf der Homepage begegnen, sind *Natur, Markt, Kleinproduzenten, 100 % bio, Hofladen*. Die Texte werden rund um diese Love-Words aufgebaut. Insbesondere das Wort *Natur* findet sich hier sehr häufig. Damit einher geht das Storytelling, das sich durch alle Texte auf der Website zieht. Die »dazu Manufaktur« hat im Hinblick auf die 3-Faktoren-Formel alles richtig gemacht.

HEADING
Unternehmen dazu Manufaktur

Bio Produkte aus dazu der dazu Manufaktur

HIER IST PLATZ FÜR IHRE NOTIZEN

Konsistenz in der Sprache

Als Unternehmer*in ist unser erstes Ziel – sofern wir keine NPO betreiben –, Umsätze zu generieren, Gewinne zu erzielen. Auch wenn das Gewinnstreben nicht als oberste Maxime gilt, so ist es jedenfalls ein implizites Ziel. Was bedeutet, dass alle weiteren Ziele ohne Gewinn sinnlos sind. Denn kann ein Unternehmen keinen Gewinn erwirtschaften, meldet es über kurz oder lang Insolvenz an. Alle anderen Ziele, humanitäre Ziele beispielsweise, fallen dann mit dem Schließen des Unternehmens ohnehin flach. Kurz gesagt: Wir möchten und müssen (!) Kund*innen generieren. Das ist allerdings nur möglich, wenn wir unseren Kund*innen ein Unternehmen präsentieren, das über alle Kommunikationsplattformen hinweg authentisch und konsistent ist. Das Wort konsistent verwende ich in diesem Zusammenhang gerne, weil es genau auf den Punkt bringt, was ich sagen möchte: nämlich, dass wir unseren Kund*innen auf allen Kanälen sprachlich gleich begegnen müssen. Denn Fakt ist ja, dass wir auf Facebook keine anderen potenziellen Kund*innen haben als jene, die wir über Mailings erreichen. Die Vorstellung unserer Wunschkund*innen, mit denen wir kommunizieren, ist immer dieselbe! Insofern muss auch unsere Sprache stets dieselbe bleiben.

Ich erkläre das noch mal anhand der Love-Words. Angenommen, Sie führen einen Lifestyle-Blog. Ihr Blog lebt von guten Texten, aber auch von ästhetischen, modernen Bildern. Als zusätzlichen Kanal, um mit Ihren Kund*innen in Kontakt zu treten, wählen Sie Instagram. Diese Plattform ermöglicht es Ihnen, sich ebenso mit Ihren einzigartigen Bildern zu präsentieren. Als junge, hippe Person haben Sie auch eine besondere Art, mit Ihrem Publikum in Kontakt zu treten. Zu Ihren Love-Words zählen *stilgetreu, cozy* und *edel-chic.* Und hier kommt die Konsistenz der Sprache zum Tragen. Sie meint, dass Sie Ihre Kund*innen auf Ihrem Blog möglichst gleich wie auf Ihrem Instagram-Pofil ansprechen sollen und der Kunde, die Kundin auf beiden Kanälen dieselben Wörter lesen möchte. Natürlich ist das kein bewusster Wunsch, aber wenn Sie *stilgetreu*, *cozy* und *edel-chic* dann auch für Ihre Instagram-Posts verwenden, schaffen Sie Wiedererkennungswert und der Kunde, die Kundin kann sich mit Ihrem Unternehmen identifizieren.

Die Konsistenz in der Sprache ist Grundvoraussetzung dafür dass wir unsere Kund *innen nicht verwirren.

Wenn Ihr Kunde, Ihre Kundin begeisterte*r Leser*in Ihres Lifestyle-Blogs ist und sich zudem gerne von Ihren Bildern auf Instagram inspirieren lässt, dann fände er oder sie es bestimmt merkwürdig, plötzlich anders angesprochen zu werden. Mitunter würde es den Interessent*innen auch auffallen, wenn Sie sich in der Wortwahl nun ganz anders ausdrücken. Wir ließen den Kunden, die Kundin in der Verwirrtheit zurück. Das darf auf keinen Fall passieren. Wichtig ist, dass wir als Unternehmer*in mit unserem Business als authentisch wahrgenommen werden. Nur so kann eine Identifizierung des Kunden, der Kundin mit dem Unternehmen gelingen.

Wir lieben Emotionen

Wir haben uns nun bereits sehr umfassend mit der 3-Faktoren-Formel für kundenwirksame Texte befasst. Die Kirsche auf dem Kuchen, das-Sahnehäubchen, das, was das Eis zum Schmelzen bringt, das Tüpfelchen auf dem i, das sind die Emotionen. Dieses Kapitel vermittelt Ihnen die Wichtigkeit von Emotionen über alle drei Faktoren hinweg. In Kapitel 3 werden wir uns noch mal mit den jeweiligen Faktoren separat und im Detail beschäftigen. An dieser Stelle möchte ich Sie dazu einladen, sich ganz bewusst auf die Emotionen zu fokussieren. Und die gilt es in allen drei Faktoren zu suchen, zu finden, sprachlich zu erzeugen.

Warum Emotionen? Warum erzeugen? Sie wissen es bereits aus der vorigen Stelle im Buch zum Thema Verkaufspsychologie. Unsere Produkte und Dienstleistungen sollen Emotionen nicht nur wecken, sie müssen sie sogar erst erschaffen. Dieses Erschaffen von Emotionen, die die Kundschaft von sich aus zunächst gar nicht verspürt, ist ein unheimlich spannender Bereich. Gerade Technikprodukte müssen mit diesen Emotionen arbeiten. Denn der 08/15-Konsument, zu dem ich mich durchaus auch zähle, hat kein intrinsisches Bedürfnis beispielsweise nach einer Kamera, die Fotos spiegelverkehrt machen kann. Dieses Bedürfnis muss zunächst erzeugt werden, damit der Kunde, die Kundin in seinem und ihrem jetzigen Produkt einen Mangel erkennt und es gegen ein neues austauscht. Dass hier natürlich in den letzten Jahrzehnten ein Konsum-Irrsinn entstanden ist, der auf Kosten unserer Umwelt, auf dem Ausbeuten unserer Rohstoffe und der Manipulation von uns allen basiert, dürfte mittlerweile allen klar sein. Doch das Thema Nachhaltigkeit ist nicht Thema dieses Buches. Gleichzeitig muss aber – wenn es um Emotionen geht – erwähnt werden, dass es in einer Gesellschaft des Überflusses immer schwieriger wird, ein Produkt allein aufgrund seiner Funktion oder aufgrund unseres Bedarfs zu verkaufen.

Emotionen sind in der Kundenkommunikation heute wichtiger denn je. Sie ziehen sich durch alle Bereiche der 3-Faktoren-Formel.

Emotionen und die 3-Faktoren-Formel

- Sie haben die Wichtigkeit der Emotionen erkannt und möchten nun wissen, wie das Stillen und Wecken von Bedürfnissen über alle drei Faktoren hinweg möglich ist. Fangen Sie bei sich selbst an. Im Kapitel über den Faktor 1, über Sie als Unternehmer*in, werden wir uns noch umfassend mit Ihrem Selbstbild, Ihren Unternehmenszielen und der Versprachlichung Ihrer Firmenidentität befassen. An dieser Stelle greifen wir schon ein wenig vor, indem wir fragen: Was treibt mich an?

- Was sind meine Motivatoren?

Ein fiktives Beispiel verschafft uns hier Klarheit. Nehmen wir also an, Sie gründen ein Kreativbüro. Ihr Unternehmensgegenstand sind Illustrationen. Motive sind Menschen, die sich in einer emotional aufwühlenden Situation befinden. Das kann ein Heiratsantrag sein, eine Beerdigung, vielleicht ein Streit, die Geburt eines Kindes, ein Sanitäter bei einer Unfallbergung. Ihr Talent liegt darin, die Mimik von Personen in herausfordernden Krisensituationen einzufangen und zu zeichnen. Nun, was treibt Sie an (einmal abgesehen von Ihrem Talent, denn dieses ist mit Sicherheit wichtig, dient aber eher als Grundlage zur Ausübung Ihres Unternehmens, lässt sich aber schlecht verkaufen)? Was sind Ihre Motivatoren? Möglicherweise liegt es Ihnen am Herzen, Grenzerfahrungen, in denen sich Menschen befinden, für die Ewigkeit festzuhalten? Möchten Sie Menschen bestärken, indem Sie ihnen zeigen: »Sieh her, schau dir an, was du Großartiges geleistet hast!«? Und *das* ist es, was Sie nun versuchen müssen, sprachlich an Ihre Kund*innen weiterzugeben. Das ist die Motivation. Das ist die Emotion.

Und dann geht es natürlich noch um die Emotionen der Kund*innen. Um unseren Faktor 2 also. Fragen Sie sich, welche Emotionen Sie bei Ihrer Kundschaft wecken möchten. Am Beispiel des Kreativbüros muss dem fiktiven Gründer, der Gründerin klar sein, dass er oder sie sich mit Illustrationen in einem sehr intimen Bereich bewegt. Den Gesichtsausdruck einer Frau während einer Geburtswehe abzubilden, setzt ein hohes Maß an Vertrauen dem Unternehmer, der Unternehmerin gegenüber voraus. Dabei muss der Zeichner, die Zeichnerin ja nicht einmal bei der Geburt selbst anwesend sein. Aber das Bild einer in den Wehen liegenden Mutter ist doch eher für das private Album als für die Öffentlichkeit bestimmt. Vertrauen ist also mit Sicherheit als erste und in diesem Beruf wichtigste Emotion zu nennen, die die Kundschaft den

Gründer*innen entgegenbringen soll. Wenn Sie diesen Beziehungsaufbau zu Ihrer Kundschaft schaffen, haben Sie bereits viel gewonnen. Dann kauft der Kunde, die Kundin nicht das Produkt Zeichnung, sondern seine und ihre Grenzerfahrung. Lebendig. Und festgehalten für die Ewigkeit. Die Kundschaft kauft eine Erinnerung an die eigene Stärke. Sie kauft mitunter Demut. Diese Emotionen gilt es nun, sprachlich umzusetzen.

An dieser Stelle möchte ich Sie dazu einladen, die drei wichtigsten Emotionen zu definieren, die Sie bei Ihrer Kundschaft wecken möchten.

Emotionen, die mich antreiben:

1.

2.

3.

Grenzen

In der Zwischenzeit wissen wir, wem die 3-Faktoren-Formel nutzt. Wir wissen, was sie kann, und wir haben gesehen, wann sie scheitert. Nämlich dann, wenn ein Faktor auf der Strecke bleibt. Aber eines ist klar: Die 3-Faktoren-Formel schreibt Ihre Texte nicht. Sie gibt nur das Wie vor, schreiben müssen Sie selbst. Wenn es um die Umsetzung geht, stoßen wir gleichsam an Grenzen. An die Grenzen der Formel, aber auch an unsere eigenen Grenzen. Diese zu erkennen, scheint mir enorm wichtig. Sie werden sich jetzt entweder an Ihren Computer setzen und zur Tat schreiten, oder Sie werden das lassen. Im schlimmsten Fall wird Ihre Vision auf Nimmerwiedersehen in einer Ihrer gedanklichen Schubladen verschwinden. Aus meiner Vortragstätigkeit weiß ich, dass diese Stelle, wenn die Theorie ihr Ende findet und die praktische Anwendung stattfinden soll, eine extrem heikle ist. Allzu oft hat man immer noch den Eindruck, eigentlich gar nichts zu wissen. Oder man traut sich nicht, anzufangen.

Die Kunst am Anfangen besteht darin, einfach anzufangen.

Als ich begonnen habe, dieses Buch zu schreiben, wusste ich noch nicht, wie man ein Buch schreibt. Aber ich hatte die Sätze schon im Kopf, und ich konnte irgendwann nicht mehr anders, als mich hinzusetzen und die Zeilen niederzuschreiben. Das waren irgendwelche Sätze – ich weiß gar nicht, ob es sie in der Form überhaupt noch gibt oder ob ich sie dann in der x-ten Version zum x-ten Mal umgeschrieben habe. Rund um diese Sätze entstanden einzelne Kapitel, es entstand ein roter Faden, alles ergab plötzlich einen Sinn. Manches musste weichen, Neues kam hinzu. Sie sehen, das Schreiben ist ein kreativer Prozess. Schreiben verläuft nur selten linear. Der Punkt ist, Sie müssen sich trauen, loszulegen. Im Grunde ist es wie Fahrrad fahren. Sie können sich das Buch über die Theorie des Fahrradfahrens noch ein hundertstes

Mal durchlesen. Solange Sie sich nicht auf den Sattel setzen und in die Pedale treten, werden Sie nie wissen, wie das mit dem Ausbalancieren richtig geht. Dieser Vergleich ist mir wichtig, denn allzu oft, wenn nicht direkt jemand mit drohendem Zeigefinger und Deadline neben einem sitzt, verschieben wir das Texten. Wieder und wieder. Den drohenden Zeigefinger bekommen Sie von mir nicht, aber die herzlich gemeinte Aufforderung:

Fangen Sie jetzt mit dem Schreiben an!

Kreativitätskiller

Mit dem Schreiben anzufangen, heißt gleichzeitig auch, seinen Perfektionismus aufzugeben. Verabschieden Sie sich von überzogenen Erwartungen an sich selbst. Vertrauen Sie vielmehr darauf, dass die richtigen Worte da sein werden, wenn Sie sie brauchen.

> **Perfektionismus ist eine der anstrengendsten Formen von Zeitverschwendung.**

Das Gute ist ja: Businesstexte sind keine starren Texte, eingefroren im Eis des Internets wie Fisch in der Tiefkühltruhe. Businesstexte sind lebendige Konstrukte, die sich verändern, so lebendig wie die Sprache selbst und steten Veränderungen unterworfen. Deshalb muss es auch nicht auf Anhieb perfekt sein. Perfektionismus steht unserer Kreativität oft im Weg. Und nimmt uns die Lust am Gestalten. Das ist fast immer so, wenn aus einem Soll ein Muss wird.

Ein zweiter Kreativitätskiller ist die Angst. Angst davor, dass meine Texte nicht gut genug sind, Angst, dass sie nicht gefallen und Kund*innen im schlimmsten Fall ausbleiben. Nun, natürlich braucht es neben kundenwirksamen Businesstexten auch starke Bilder und ein auffallendes Design, aber wenn Sie die 3-Faktoren-Formel beherzigen, kann im Grunde nicht mehr allzu viel schiefgehen. Angst ist kein guter Ratgeber, wenn es um kreative Schaffensprozesse geht. Im Gegenteil. Angst kann Blockaden auslösen, und am Ende passiert genau das, was nicht passieren darf. Nämlich dass wir unsere Vision Vision bleiben lassen und nicht ins Tun kommen. Und wenn wir uns darauf einigen, dass das Gestalten von Businesstexten zum kreativen Tätigkeitsfeld zählt, dann verabschieden Sie sich hier und heute von überzogenen Erwartungen, Selbstzweifeln und Ängsten.

Angst beginnt im Kopf. Mut ebenso.

FAKTOR 1:
DAS UNTERNEHMEN

Wenn es darum geht, Unternehmenstexte zu schreiben, dann ist die logische Ableitung jene, dass es zunächst einmal ein Unternehmen geben muss. Das Unternehmen ist also Voraussetzung dafür, sich Gedanken über Texte zu machen. Ich habe es bereits erwähnt: Als Mitteleuropäer leben wir in einer Gesellschaft des Überangebots. Der Überproduktion. Des Übermaßes. Wir merken das an den Abfallmengen genauso wie an den Preisen und der Klimakrise. Dabei überrascht es uns nicht einmal mehr, ein Kilogramm Fleisch für weniger als 5 Euro angeboten zu bekommen. So sehr haben wir uns mittlerweile an die brutale Schlacht um Preise gewöhnt. Wenn Sie gerade gründen, haben Sie die freie Wahl. Sie können mitmachen. Oder sie können es anders machen. Sie können Ihr Produkt zu einem Dumpingpreis anbieten. Sie können. Sie müssen nicht. Genauso gut können Sie Ihren Kund*innen Qualität verkaufen. Es wird dann vielleicht nur ein*e andere*r Kund*in sein. Aber dazu mehr, wenn es um den Wunschkunden, die Wunschkundin geht.

Gute Qualität gibt es nicht zum Dumpingpreis!

Als Lektorin und Texterin liegt es mir fern, zu bewerten, wie Sie Ihr Unternehmen aufziehen und groß machen möchten. Nicht zuletzt deshalb, weil Sie als Gründer*in selbst Expert*in für Ihr Unternehmen sind und am besten wissen, was Sie wollen und was Ihr Unternehmen braucht. Auch wenn sich meine persönliche Haltung nicht ganz verbergen lässt, so möchte ich Sie weder bekehren noch belehren. Ich möchte vielmehr die Möglichkeiten aufzeigen, die Sie als Gründer*in tatsächlich haben. Oft genug hört man von Selbstständigen: Mein Business läuft nicht, die Leute sparen. Keiner gibt mehr Geld aus. Wer im stationären Handel tätig ist, hat bereits verloren. Stimmt nicht – sage ich.

Sobald Sie sich dafür entscheiden, zu gründen, stehen Ihnen zunächst 100 Prozent aller Möglichkeiten offen. Von der Wahl des Firmennamens über Ihr Produktsortiment, Ihre Dienstleistung bis zur Wahl der Rechtsform. An dieser Stelle möchte ich aber vor allem über Ihre Firmenwerte und Überzeugungen sprechen. Kurz, über Ihr Profil. *Was ist Ihre Firma*, und fast noch wichtiger: *Was ist sie nicht?* Wozu möchten oder müssen Sie gar Stellung beziehen, wozu nicht?

Zur Verdeutlichung hier ein Beispiel: Als kreativer Mensch mit der Liebe zum Nähen haben Sie beschlossen, eine Firma zu gründen, die Spielzeug und Utensilien für Babys und Kleinkinder aus Stoff herstellt. Sie beschließen, einen Onlineshop zu betreiben und zusätzlich einen kleinen Laden in zentraler Lage zu führen, um Ihre handgemachten Produkte zu vertreiben. Sie überlegen sich den fantasievollen Firmennamen »Fadenspiel«, der zu Ihnen und Ihrer Zielgruppe passt, entscheiden sich für den Standort und für die Rechtsform Einzelunternehmer. Sie stellen Ihren Businessplan auf, in dem Sie auch die Preise für Ihre Produkte kalkulieren. Anhand des Faktors Wareneinkauf müssen Sie nun entscheiden, woher Sie Ihre Stoffe beziehen und in welcher Qualität sie sein sollen. Stoffe, die im Land in guter Qualität, aber zu einem vergleichsweise hohen Preis hergestellt werden, oder Stoffe aus einem Billiglohnland. Dies ist die erste Werteentscheidung, die Sie als Gründer*in nun zu treffen haben. Und mit dieser Entscheidung und allen weiteren Entscheidungen dieser Art entsteht nach und nach Ihr Firmenprofil, das sich später unweigerlich in Ihren Businesstexten niederschlagen wird. Da Ihr*e Wunschkund*in auf gute Qualität und regionale Produkte achtet, entscheiden Sie sich für den Ankauf von Stoffen aus dem eigenen Land. Sie wissen, dass Ihre Kundschaft gerne bereit sein wird, etwas mehr Geld auszugeben, dafür aber auch bessere Qualität bekommt.

Dies ist die Art und Weise, wie Sie Ihrer Firma Profil verleihen. Damit der Faktor Unternehmen möglichst ausreift und uns für gute Businesstexte dienlich ist, beantworten Sie die Fragen in der folgenden Übung:

Das ist es, was mein Unternehmen einzigartig macht:

____

____

Das ist es, was der Kunde, die Kundin in meinem Unternehmen sehen soll:

____

____

Das ist es, womit ich überzeugen werde:

____

____

Ich achte im Einkauf auf hohe Qualität.	ja/nein
Ich werde Rabattaktionen anbieten.	ja/nein
Meine Marge lässt keinen Spielraum für Aktionen.	ja/nein
Mit meinen Produkten tue ich der Umwelt etwas Gutes.	ja/nein
Regionalität und Saisonalität sind mir wichtig.	ja/nein
Ich möchte zu meiner Kundschaft ein persönliches Verhältnis pflegen.	ja/nein
Ich möchte in erster Linie als Expert*in wahrgenommen werden.	ja/nein
Es ist nicht notwendig, mich anderweitig zu positionieren.	ja/nein
Ich verkaufe ein Nischenprodukt.	ja/nein
Masse ist mir wichtiger als Qualität.	ja/nein
Es ist mir wichtig, nichts Privates über mich preiszugeben.	ja/nein

Firmenname

Einleitend habe ich bereits kurz meine eigene Unternehmensgeschichte dargestellt. Möglicherweise sind Sie im Gründungsprozess schon recht weit, vielleicht besteht Ihr Unternehmen sogar schon ein paar Jahre und Sie haben sich das Buch gekauft, um Tipps und Hilfestellungen für neue Webtexte zu bekommen. Völlig in Ordnung – die kommen gleich. Möglicherweise ist aber alles, was Sie bisher haben, eine erste Idee.

Großartig! Eine Idee allein kann schon Gold wert sein! In diesem Kapitel erwarten Sie Hilfestellungen und Übungen, wie es gelingt, zu einem Firmennamen, zum Namen für Ihr Business zu kommen!

Um Ihnen zu verdeutlichen, was bei der Namensfindung zu beachten ist, schildere ich kurz noch meinen eigenen Fehler im Zuge der Firmenbezeichnung, der sicherlich auch für Sie hilfreich sein kann. In Wahrheit lernen wir ja viel mehr aus unseren Fehlern als aus Erfolgen.

Als ich mich 2017 selbstständig gemacht habe, habe ich bei der Wirtschaftskammer den Firmennamen »Schreibamt Baden« eintragen lassen. Für mich klang das einfach und plausibel. Schreibamt – jeder sieht auf den ersten Blick, dass es hier ums Texten geht. Und Baden – Das ist einfach der Ort, an dem die Firma gemeldet ist. Also der Firmensitz. Und ich dachte, meine Kund*innen fänden das toll, zu wissen, dass meine Firma in Baden ist! Denn wenn jemand für ein Deutschtraining kommen möchte, kann er sich gleich ausrechnen, wie lang die Wegzeit hierher ist. Fand ich prima – bis ich mein Firmenlogo bekam. Mit dem Logo-Design beauftragte ich nämlich eine Designerin in Karlsruhe. Und die konnte mit Baden zuallererst überhaupt nichts anfragen. Nach ein paar Tagen erhielt ich dann einen Anruf:

»*Darf ich fragen, was das Baden mit dem Schreiben zu tun hat*«?
Ich: »*Welches Baden?*«

Steffi, meine Logo-Designerin: »*Das Baden, von Schreibamt Baden!*«

Und dann ging mir ein Licht auf! Abgesehen davon, dass ich zum Zeitpunkt der Erstellung des Logo-Designs schon registriert hatte, dass die meisten meiner Kund*innen gar nicht aus Baden, ja nicht einmal aus dem Bezirk, der Region oder sonst wo aus der Nähe, sondern aus allen möglichen Orten kamen, weil wir ja in erster Linie online miteinander kommunizierten und arbeiteten, hatte ich bis dato tatsächlich übersehen, dass meine Interessent*innen und Kund*innen mit dem Begriff »Baden« möglicherweise überhaupt nichts anfangen konnten! Was für ein Fail!

Steffi bin ich ewig dankbar, »Baden« wurde sofort aus dem Firmennamen gestrichen, und Schreibamt ist nun das, was ich von einem Firmennamen erwarte: einfach, klar und vor allem *unmissverständlich*.

Ich will ehrlich sein. Wenn Ihr Firmenname nicht auf dem Niveau von »Manuelas Brötchenservice« stehenbleiben soll, wird's jetzt etwas knifflig. Das mag paradox klingen, wo es sich doch nur um ein Wort und manchmal sogar nicht einmal um dieses handelt. Denn wenn ich Sie jetzt frage, welches Unternehmen Ihnen ad hoc einfällt, das lediglich aus zwei Buchstaben besteht, lege ich die Hand dafür ins Feuer, dass der Gedankensprung zu einer großen Modekette gelingt.

Wir starten mit einer Grundsatzentscheidung für Ihre Geschäftsbezeichnung. Und zwar mit der Frage, mit wem sich Ihre Kund*innen identifizieren sollen – mit Ihnen als Gründer*in (Person) oder mit dem Unternehmen (Sache)? Ist es das Produkt, die Dienstleistung, die im Vordergrund steht, ist es naheliegend, die Sache in den Mittelpunkt zu rücken. Hier sind der Kreativität und Fantasie (fast) keine Grenzen gesetzt. Lediglich Namen, die unaussprechlich und nicht in lateinischen Buchstaben geschrieben sind und/oder zudem keinen Sinn ergeben, sind unzulässig. Geht es aber um Sie als Person, wie dies bei Einzelunternehmer*innen häufig der Fall ist, können Sie auf sogenannte Namensfirmen setzen, das heißt, dass die Firma einfach so heißt wie ihr*e Gründer*in.

Für eine gelungene Namensfindung habe ich vier Tipps für Sie parat:

1. Informieren Sie sich bei seriösen Plattformen und Anlaufstellen für Gründer*innen über Möglichkeiten und Vorschriften zur Wahl des Firmenwortlauts.
2. Fragen Sie sich, ob sich Ihre Wunschkundschaft den Firmenwortlaut leicht merken kann.
3. Wenn Sie ein Ein-Personen-Unternehmen sind, wäre möglicherweise eine Namensfirma sinnvoll.
4. Stellen Sie sicher, dass es den Firmennamen noch nicht gibt und Sie mit der Wahl der Firmenbezeichnung keine Urheberrechte verletzen.

Sie haben übrigens die Möglichkeit, Ihren Firmennamen beziehungsweise Ihre Marke schützen zu lassen. Infos zum Thema Markenschutz – beispielsweise die Kosten betreffend – erhalten Sie in Deutschland beim Deutschen Patent- und Markenamt, in Österreich bei der Wirtschaftskammer.

Bevor Sie nun gleich mit dem Brainstormen über Ihren Firmennamen beginnen und sich kreativ austoben können, habe ich noch einen letzten, aber sehr wichtigen Tipp für Sie:

Überlegen Sie sich gut, ob Ihre Wunschkundschaft den Firmennamen sofort verstehen, ihn einfach aussprechen und richtig schreiben kann.

Einen Firmennamen zu verstehen heißt, die Marke zu verstehen. Kann der Wunschkunde, die Wunschkundin mit dem Wort nichts anfangen, sollten Sie sich einen anderen Firmenwortlaut überlegen. Dasselbe gilt, wenn die Wunschkundschaft nicht weiß, wie man den Firmennamen richtig schreibt. Stellen Sie sich folgende Situation vor: Ein*e Interessent*in meldet sich telefonisch bei Ihnen und bittet um eine kurze Beratung. Sie melden sich mit Ihrem Namen und erklären dann, dass er oder sie Details zu den gegebenen Informationen auch auf Ihrer Website findet. Die Wunschkund*in versteht die Domain, also den Firmennamen, nicht und wird zum Nachfragen gezwungen. *Können Sie das bitte buchstabieren?* Wenn Sie diesen Satz hören, haben Sie verloren. Das Problem ist, sollte sich Ihre Wunschkundschaft vertippen oder aus anderen Gründen nicht zu Ihnen finden, wird er oder sie die Suche vermutlich eher aufgeben, als ein zweites Mal anzurufen, um Sie zu bitten, den Firmennamen noch einmal zu buchstabieren. Versetzen Sie sich in den Anrufer, die Anruferin. Würden Sie noch einmal anrufen? Vermutlich auch nicht.

Es liegt allein am Unternehmer, an der Unternehmerin selbst, einen Firmennamen zu wählen, der verständlich, klar und leicht zu schreiben ist.

Damit Ihnen das Brainstormen nun ein bisschen leichter fällt und mehr Spaß macht, habe ich Ihnen hier eine Grafik zusammengestellt, in die Sie Ihre Ideen eintragen und mit der Sie nun kreativ werden können! Have fun!

Übung

FIRMENNAME BRAINSTORMING

Diese Firmennamen kommen mir in den Sinn:

Ich kann mich mit diesem Firmennamen gut identifizieren:

Dieser Firmenname ist leicht zu verstehen und ggf. zu buchstabieren:

Diese Firmennamen sind noch frei:

Starke Domain

Wenn Sie sich für einen Firmennamen entschieden haben, geht es nun an die Wahl einer starken Domain, also um die Wahl eines starken Website-Namens. Die Domain ist die Internetadresse, die zu Ihrer Homepage beziehungsweise zur Website Ihres Unternehmens führt.

Für viele Gründer*innen ist naheliegend, die Domain gleich wie den Firmennamen zu nennen. Das ist dann einfach und sinnvoll, wenn der Firmenname aus nur einem Wort besteht. Nehmen wir an, Sie designen Mode und Spielzeug für Kleinkinder, Ihr fiktiver Firmenname lautet »Fadenspiel«. Ihre Domain könnte dann in der logischen Konsequenz entweder www.fadenspiel.de oder www.fadenspiel.com lauten. In diesem Beispiel besteht der Firmenwortlaut aus einem Namen; die Domain in der Folge auch. Es bestehen keine Schwierigkeiten in der Lesbarkeit, der Firmenname hat keine Umlaute, der Kunde, die Kundin kann das Wort leicht aussprechen und schreiben.

Schwieriger wird es, wenn Ihr Firmenname aus zwei oder gar mehreren Wörtern besteht. Bei fast allen Ärzt*innen, Psychotherapeut*innen und Physiotherapeut*innen ist das beispielsweise der Fall:

Praxis Dr. Bernhard Müller-Lüdenscheidt
Physiotherapie Maria Stadler
Psychotherapeutische Praxis Dr. Engelbert Klenkner

Welche Domain ist hier sinnvoll? Es kann einem schnell der Gedanke kommen, in Hinblick auf eine leichtere Lesbarkeit einfach Bindestriche einzufügen.

www.praxis-dr-bernhard-mueller-luedenscheidt.de
www.physiotherapie-maria-stadler.de
www.psychotherapie-engelbert-klenkner.de

Ganz schön viele Bindestriche, was meinen Sie? Ja, man kann die einzelnen Bestandteile der Domain zwar gut lesen, aber zum Eintippen sind Domains mit mehr als einem Bindestrich für meinen Geschmack eine Katastrophe. Insbesondere am Smartphone. Aus meiner Erfahrung kann ich sagen, dass meine Kund*innen meine Website zu rund 30 Prozent auf ihrem Smartphone aufrufen. Hätte mein Firmenname derart viele Bindestriche, würden manche mitunter schon beim Eintippen der Domain die Lust verlieren, mit mir zusammenzuarbeiten. Es besteht die Gefahr, dass sich negative Gefühle entwickeln und das Unternehmen damit in Verbindung gebracht wird:

Was wird mir hier zugemutet?
Das ist ja eine Frechheit, dieser Firmenname!
Wer hat bitteschön so viel Zeit?
Kann das nicht einfach und schneller gehen?
Das ist mir zu mühsam.
Nicht mit mir!

Diese Gedanken, auch wenn sie unbewusst auftauchen, müssen auf jeden Fall vermieden werden. Im Zweifelsfall geht die einfachere Handhabe über die Lesbarkeit.

Verwenden Sie nicht mehr als einen Bindestrich in Ihrer Domain. Das Eintippen kann für die Kundschaft mühsam werden und zu negativen Gedanken in Bezug auf Ihr Unternehmen führen.

Auch wenn die meisten Expert*innen sogar maximal zwei Bindestriche quasi erlauben, bin ich hier ein bisschen vorsichtiger. Jeder Bindestrich bedeutet Mehrarbeit für die Kundschaft. Jedes Mal, wenn ein*e Interessent*in eine Domain auf dem Handy eintippen möchte, muss er oder sie in der Tastatur umschalten, sobald ein Bindestrich auftaucht. Das ist mühsam und kostet Zeit. Und vor allem: Es ist meines Erachtens wirklich nicht notwendig.

Ich halte in diesem Zusammenhang viel von Experimenten in kleinen Kreisen. Wenn Sie unsicher sind, nehmen Sie einen Zettel zur Hand und schreiben Sie zwei unterschiedliche Schreibweisen Ihrer zukünftigen Domain darauf. Verteilen Sie die Zettel dann an Freund*innen und Verwandte mit der Bitte, Ihnen *nicht* zu sagen, welche Domain sie *hübscher* finden, sondern sagen Sie deutlich, dass Sie sich wünschen, dass beide Schreibweisen am Smartphone eingetippt werden sollen. Klarerweise wird sich dann keine Website öffnen, Sie sind ja noch nicht online. Beziehungsweise sollte sich doch eine Website öffnen, dann wissen Sie, dass Ihre gewünschte Domain in der Zwischenzeit vergeben ist und Sie sich ohnehin etwas Neues überlegen müssen.

www.physiomariastadler.de
www.psychotherapieklenkner.de

Diese Schreibweisen beziehungsweise diese Domainwahl würde ich Ihnen empfehlen. Wenn Sie einen Doppelnamen und einen oder gar mehrere akademische Titel führen, dann wäre zu überlegen – so wie in unserem fiktiven Beispiel Dr. Bernhard Müller-Lüdenscheidt –, ob die Domain nicht vielleicht ohne den Namen des Arztes auskommen sollte oder zumindest nicht der komplette Name Teil der Domain ist.

Als Alternative:

www.praxismuellerluedenscheidt.de

Die Domain ist zugegebenermaßen sehr lang. Ich weiß. Manchmal werden Sie aber um eine Kompromisslösung nicht herumkommen. Zumindest dann nicht, wenn Sie Ihre Wunschkundschaft nicht mit einer Vielzahl von Bindestrichen verärgern möchten.

Apropos verärgern. Vielleicht sind Sie im Zuge der Namensfindung Ihres Unternehmens und der Recherchen für die geeignete Domain mit dem Problem konfrontiert worden, dass Ihr Name schon vergeben ist. Besonders bei kurzen Namen beziehungsweise Firmenwortlauten, die nur aus einem Wort bestehen, kommt das häufig vor. Ein Ausweg, der sich gleichzeitig beim Problem mehrerer Wörter anbietet, wäre eine kreative Neugestaltung, ein *Nickname* sozusagen, ein Fantasiename. Es gibt ja eine Reihe an sehr berühmten Marken, die mit der Erfindung ihres Firmennamens auf Abkürzungen setzen: Adidas, dm, Haribo, Coca-Cola, Aldi, TUI, IKEA u.v.m. Natürlich entspricht es der Logik, dass diese Markennamen deswegen bekannt sind, weil sie allesamt erfolgreich sind. Wenn Sie kreativ genug sind und auf die bereits erwähnten Kriterien für die Wahl von Firmennamen achten, steht Ihrem Erfolg nichts im Wege!

(Mehr-)Wert

Auf Seite 35 habe ich Ihnen die Frage gestellt, was Ihr Unternehmen einzigartig macht und wie Sie überzeugen möchten. Sein Firmenprofil zu kennen, ist nicht zuletzt deshalb wichtig, weil Sie so den (Mehr-)Wert für den Kunden, die Kundin definieren können. Und das müssen Sie, da sich Produkte heutzutage nur mehr minimal unterscheiden und der Konsument, die Konsumentin tatsächlich oft über den Mehrwert entscheidet, wo er oder sie einkauft.

Unter Mehrwert wird in der Regel der zusätzliche Nutzen verstanden, den die Kundschaft erhält, wenn sie ausgerechnet Ihr Produkt kauft. Das kann ein Goodie, ein Gutschein, eine Zusatzleistung genauso wie Ihre persönliche Beratung sein.

Bleiben wir bei unserem fiktiven Unternehmen Fadenspiel. In den Recherchen hat der Gründer, die Gründerin herausgefunden, dass das Angebot an handgenähtem Spielzeug für Babys und Kleinkinder aus Bio-Stoffen recht überschaubar ist. Neben dem Spaß, der bei diesen Produkten einen Mehrwert bildet, ist hier auch die Sicherheit, dass hier nur hochwertige Materialien vernäht werden, ein Verkaufsargument.

Fadenspiel schafft einen weiteren Mehrwert, indem persönliche Zustellung innerhalb eines bestimmten Gebiets angeboten wird. Außerdem bietet Fadenspiel seinen Kund*innen die Möglichkeit eines Spielzeug-Abos. Zu Beginn des Abos wird lediglich das Alter des Kindes notiert. Dann erhält es im Monatsabstand jeweils ein altersgerechtes neues Spielzeug nach Hause geliefert.

Wenn Sie auch Einzelunternehmer*in sind oder mit dem Gedanken spielen, sich in dieser Rechtsform selbstständig zu machen, bedenken Sie, dass es tatsächlich oft Sie als Person sind, die den Mehrwert für Ihre Kund*innen ausmacht. Vielleicht ist es Ihre professionelle Beratung, Ihr Fachwissen, Ihre Empathie oder einfach die Art, wie Sie das Produkt als Geschenk verpacken, die Sie einzigartig macht und Ihrer Kundschaft somit Mehrwert bietet.

Welches Problem können Sie lösen?

Wir können nicht die ganze Welt retten. Aber als Unternehmer*innen tun wir in jedem Fall gut daran, wenn wir im Zuge der Gründung folgende Gedanken mittragen:

- Wo hilft mein Produkt?
- Welches Problem löst es?
- Wie kann meine Dienstleistung die Beschwerden meiner Kund*innen lindern, Ängste minimieren, Kosten senken, Zeit sparen, ...?

Textlich wird sich vieles rund um die Antwort auf diese Fragen abspielen. Als Gründer*in müssen wir daher eine Antwort parat haben. Denn wenn unser Produkt niemandem hilft oder es schlichtweg keiner braucht, dann wird es auch schwierig sein, damit Geld zu verdienen.

Fadenspiel hat seine Aufgaben gut gemacht. Mit seinem Abo ist der Kundennutzen deutlich. Eltern bekommen verlässlich monatlich ein alters- und zeitgemäßes Spielzeug zugeschickt, das dann entweder für

Anlässe aufgehoben, verschenkt oder direkt benutzt werden kann! Der Mehrwert liegt auf der Hand beziehungsweise im Versandweg.

Sprachlich gilt es hier wieder, in die Schnittmenge von Unternehmen, Wunschkund*in und Rhetorik zu kommen. Der Kundennutzen von Fadenspiel ist klar. Der Wunschkunde, die Wunschkundin wurde ebenfalls bereits kurz umrissen. Die rhetorische Gestaltung des Mehrwerts von Fadenspiel könnte exemplarisch so aussehen:

> ***Fadenspiel Spielzeug-Abo:***
>
> Liebe Eltern!
>
> Es ist nicht immer einfach, im stressigen Alltag die Zeit aufzubringen, um sich mit altersgemäßem und pädagogisch wertvollem Spielzeug auseinanderzusetzen. Wir von Fadenspiel übernehmen das für Sie und schicken Ihrem Kind einmal im Monat ein Paket mit handgenähtem Spielzeug im Wert von xx bis xx Euro zu. Fadenspiel bringt Ihr Kind zum Staunen. Und gibt Ihnen Ihre wertvolle Zeit zurück. Für Sie entwickelt, von Pädagog*innen getestet.

USP

Wir sind schon so weit gekommen. Auf den letzten Seiten konnten Sie viel Wissenswertes mitnehmen und den Fokus noch mal ganz bewusst und profund auf Ihr Unternehmen legen. Ich finde, es ist an der Zeit für ein offenes Wort. Das klingt bedrohlich. Das Gegenteil ist der Fall. Je nachdem, wie weit Sie in Ihrer Gründungsphase sind, werden Sie merken, dass es Zeiten des Antriebs gibt und jene des Zurücklehnens.

Zeiten, in denen alles verblüffend leicht von der Hand geht, und jene, in denen rein gar nichts gelingt. Zeiten, in denen keine To-do-Liste lang genug und unsere Power schier endlos scheint, aber auch jene, wo wir Pausen brauchen.

Definition: »Alleinstellungsmerkmal (USP): einzigartiges Verkaufsversprechen bei der Positionierung einer Leistung. Der USP soll durch Herausstellen eines einzigartigen Nutzens das eigene Produkt von den Konkurrenzprodukten abheben und den Konsumenten zum Kauf anregen.«[1]

Seinen USP – Unique Selling Proposition – zu definieren ist von zentraler Bedeutung. Dieser Vorgang findet wohl eher nicht im Zurücklehnen noch in einem Zustand abwesender Kreativität noch im Urlaub statt.

Der Punkt ist aber – und deshalb habe ich vorhin von einem offenen Wort gesprochen –, dass all unsere Unternehmen und Unternehmungen, die Firmen, die wir gründen, keine starren Systeme oder Konstrukte sind, die von uns die höchste Form der Perfektion in allen Bereichen verlangen. Anstatt also auf den perfekten Zeitpunkt zu warten, der ohnehin in den meisten Fällen niemals kommt, ist es viel realistischer und erfolgversprechender, sich zu sagen:

Ich darf mit der Zeit wachsen.

Sie kennen das bestimmt, wenn man vor lauter Wald die Bäume nicht sieht. Versuchen Sie, den Überblick zu behalten. Und ich habe es bereits ganz am Anfang des Buches erwähnt:

Eine gute Analysefähigkeit ist mindestens genauso wichtig wie das Texten selbst.

Und etwas zu analysieren, impliziert ja schon, dass sich Dinge verändern. Nämlich indem Sie ihnen attestieren, ob sie gerade gut, schlecht oder mäßig laufen. Ja, möglicherweise sind Sie mit dem Design Ihres Social-Media-Auftritts noch nicht zu 100 Prozent zufrieden. Und ja, möglicherweise könnten Sie im Beschwerdemanagement noch lernen, eine andere Haltung einzunehmen. Und ja, möglicherweise ist Ihr Kundenstamm noch nicht so groß, wie Sie sich das zu diesem Zeitpunkt erhofft hatten. Aber als Selbstständige muss uns bewusst sein, dass diese Variablen temporäre Bestandsaufnahmen sind und wir es in der Hand haben, sie in eine bestimmte, gewünschte Richtung zu lenken.

Sie sind sich über Ihren USP noch nicht im Klaren? Ja, das ist nicht optimal. Es gibt aber auch Schlimmeres. Wenn Sie meinen Tipp hören möchten: Gründen Sie trotzdem! Jetzt! Zu warten und zu verschieben, bis die Zeiten besser, rosiger, leichter und die Zweifel weniger werden, ist allzu oft ein Irrweg. Ein Irrweg deshalb, weil es am Ende nur ein Hinausschieben ist. Haben Sie aber erst einmal ein Unternehmen angemeldet, dann sehen Sie sich vielleicht eher dazu gezwungen, sich über Ihren USP Gedanken zu machen. Vielleicht geht dann alles viel schneller! Vielleicht ist der USP ganz plötzlich sonnenklar. Vielleicht müssen wir einfach nur aktiv werden.

Hier vier Ideen, wie Sie zu Ihrem USP kommen:

- USP #1: Stellen Sie sich die Frage, was Ihre Wunschkundschaft nur bei Ihnen und nicht bei der Konkurrenz findet.
- USP #2: Wie unterscheidet sich der Service Ihres Unternehmens von dem anderer Unternehmen?
- USP #3: Besetzen Sie eine Nische.
- USP #4: Je weniger USP Sie in Ihrer Produktsparte finden, umso mehr Gedanken sollten Sie sich um ein Alleinstellungsmerkmal für Ihr Unternehmen machen.

Corporate Wording

Natürlich ist es zu kurz gegriffen, Corporate Wording einfach auf die Unternehmenssprache und die Kundenkommunikation zu reduzieren. Aber irgendwo müssen wir ja anfangen. Gleichzeitig werfe ich an dieser Stelle ein, dass es Punkte gibt, auf die Sie an verschiedenen Stellen des Buches wieder treffen werden. Weil sie da genauso passen wie dort, aber vor allem, weil sie als Grundlage für kundenwirksame Businesstexte von zentraler Bedeutung sind und wir uns Dinge besser merken, je öfter wir sie hören beziehungsweise lesen.

Ein Corporate Wording für Ihr Unternehmen zu definieren, ist Teil der Basis für alle darauffolgenden Texte. Alles, was danach kommt – vom Webtext über den Folder bis hin zum Mailingversand – orientiert sich an der sprachlichen Vorarbeit. Je konkreter das Corporate Wording ausfällt, umso größer wird der Wiedererkennungswert Ihrer Marke sein. Denn je klarer Sie sich darüber sind, welche Wörter Sie stets verwenden möchten, welche manchmal, welche keinesfalls, desto eher wird man sich an Sie erinnern.

Für den Anfang reicht es, wenn Sie sich bewusst machen, dass Unternehmenskommunikation kein Zufall ist. Wie viel Sie, gerade auch im Beschwerdemanagement, mit dem richtigen Corporate Wording erreichen können, werden Sie gleich anhand dieses persönlichen (ich nenne es mal) Erlebnisses sehen:

Ich habe kürzlich bei meinem Handyanbieter angerufen, weil mein Datenvolumen aufgebraucht war und ich ein zusätzliches Paket für den Monat kaufen wollte. Fragen Sie bitte nicht, warum ich noch einen Uralt-Vertrag mit begrenztem Internet habe. Jedenfalls kam ich natürlich in die Warteschleife. Natürlich sage ich deshalb, weil ich mir zuerst mal den ganzen »Vorspann« anhören musste, bevor ich dazu aufgefordert wurde, mit einer bestimmten Taste zum von mir gewünschten Themengebiet mit einem in diesem Themengebiet geschulten Mitarbeiter vordringen zu können. Sie kennen das: *Drücken Sie die Taste 1, wenn Sie Fragen zu Ihrem Vertrag haben. Drücken Sie die Taste 2, wenn Sie Fragen zum Thema Internet haben. Für alle anderen Fragen bleiben Sie einfach in der Warteschleife.* Gut. Ich drückte also. Hörte davor aber noch den erstaunlichen Satz: *Schönen guten Morgen und willkommen bei xxx. Wir sind gerade noch dabei, andere Kunden zu begeistern. Wir sind gleich für Sie da.* Aha, wie strategisch clever, dachte ich. Da ist man aufgebracht, weil Datenvolumen aufgebraucht, und prompt wird einem der Zorn aus den Segeln genommen. Wie schön, dass ich mich darauf verlassen kann, dass mich hier gleich jemand versuchen wird, zu begeistern.

Diese vorauseilende Gute-Laune-Stimmung ist ein probates Mittel, um aufgestautem Ärger den Wind aus den Segeln zu nehmen. Nach dem Motto: Wie man in den Wald hineinruft .... Die Entschärfung gelingt. Zur Entwaffnung der aufgebrachten Kundschaft hilft auch eine lösungsorientierte Begrüßung: *Guten Tag, Sie sprechen mit Herrn xxx von yyy. Wie kann ich Ihnen helfen?* Das Anbieten von Hilfe und ein lösungsorientierter Schreibstil helfen auch in der schriftlichen Beschwerdekommunikation mit Kund*innen. Und bieten Sie eine Art Wiedergutmachung an. Überlegen Sie sich auch hierfür ein Wording, das zu Ihnen und Ihrer Firma passt, das Sie sich »leisten« wollen und das den Kunden, die Kundin zufriedenstellt. Das kann ein Gutschein, eine kostenlose Dienstleistung, ein kostenloses Produkt oder ein besonderer Service sein.

Storytelling

Mit dem Thema Storytelling lassen sich ganze Bücherregale füllen. Auf diesen Seiten möchte ich Ihnen einen reduzierten Überblick über die Grundlagen, die Struktur und die rhetorischen Möglichkeiten des Erzählens von Geschichten geben. Aus meiner letzten Fortbildung zum Thema »Storytelling in the Workplace« konnte ich vor allem eines mitnehmen: Diejenigen, die es verstehen, ihre Geschichten am effektivsten zu erzählen, sind auch diejenigen, welche am erfolgreichsten sein werden. Unabhängig davon, ob das einflussreiche Personen in Ihrem Freundeskreis, frühere Kollegen oder Politiker in Ihrem Land sind –

jeder erzählt (s)eine Geschichte. Ohne Geschichte keine Identifikation. Die Fortbildung[1], von der ich eben erzählt habe, warb damals mit diesem Satz:

> *»In der heutigen Welt der Kurznachrichten über verschiedenste Geräte ist die Bedeutung einer zusammenhängenden, professionellen und verständlichen Message wichtiger denn je, um ein angestrebtes Ergebnis zu erreichen.«*

Denn es stimmt. Wir leben in einer Welt von Kurznachrichten, von Schlagzeilen, von Twitter-Perlen. Wer es schafft, unsere Emotionen zu wecken, gewinnt. Doch das ist leichter gesagt als getan.

Anhand der 3-Faktoren-Formel haben Sie gelernt, wie gutes Texten funktioniert. Nun sind Sie dazu aufgefordert, Geschichten zu schreiben. Oder konkret: *Ihre* Geschichte zu schreiben. Nicht poetisch, sondern emotional. Aber was ist unter Storytelling eigentlich zu verstehen? Was ist mit »Geschichte« gemeint?

Das Erzählen von Geschichten kennen Sie vermutlich aus Ihrer Kindheit. Als Ihnen vorgelesen wurde. Oder Sie erzählen Ihren eigenen Kindern Geschichten. Geschichten spielen für Kinder eine ungeheuer große Rolle. Das Erfinden und Erzählen ist für Eltern, oft ohne dass sie sich dessen bewusst sind, täglicher Begleiter im Zusammensein mit Kindern.

> Emotionalität, Identifikation, Konflikte und Helden sind die Zutaten für gelungene Geschichten. Das ist schon im Märchen so.

---

1 Möglicherweise ist die Fortbildung heute noch buchbar. Falls Sie Interesse haben: https://www.edx.org/course/storytelling-in-the-workplace-3

Geschichten sind gut für die sprachliche und psychische Entwicklung von Kindern. Dabei haben Kleinkinder gleichzeitig auffallend viel Fantasie. In ihnen bekannte Geschichten dichten sie manchmal Personen dazu oder weg, oder sie verändern die Handlung. Beispielsweise den Schluss, wenn sie es lieber haben, dass die Geschichte gut ausgeht. Geschichten liefern Impulse, die Kindern unter anderem die Möglichkeit geben, einen anderen Blickwinkel einzunehmen. Das Erzählen von Geschichten ist ein elementares Werkzeug von Eltern und Pädagog*innen und findet nun seine Fortsetzung in der Unternehmenswelt.

Ist Storytelling auch für Ein-Personen-Unternehmen sinnvoll? Wenn Sie etwas verkaufen möchten, dann schon. Es gibt ja Entstehungsgeschichten, die so außergewöhnlich sind, dass sie an sich schon als eigene Story herhalten. Von: *Früher hat nie jemand an mich geglaubt, heute bin ich Speaker, seht her, vor wie viel Tausenden Leuten ich heute spreche!* bis hin zu: *Und als ich am Gipfel der Zugspitze stand, mein Hirn benebelt und nach Sauerstoff ringend, da war mir klar: Was ich kann, können Sie auch. Denn Erfolg ist eine Frage der Ausrüstung.* Die Botschaft ist klar: Mit dieser Outdoor-Kleidung können Sie alles erreichen. Stellen Sie sich vielleicht jetzt noch ein Foto eines glücklichen Mannes auf der Zugspitze vor. Atemberaubend. Und wenn Sie jetzt den Wunsch verspüren, sich für den nächsten Spaziergang in diese Outdoor-Kleidung zu hüllen, dann hat die Marketing-Abteilung alles richtig gemacht.

Es ist auch mit Sicherheit kein Zufall, dass Einsteins Biografie oft falsch oder reduziert erzählt wird. An wie vielen Haushalts-Kühlschränken haben Sie schon Zitate von Einstein gelesen und sich dann damit getröstet, dass Albert ja ein ganz schlechter Schüler gewesen sei und die Schule abgebrochen habe? Dass der Schulabbruch nicht an seinen Noten lag, sondern eine Entscheidung aufgrund der wirtschaftlichen Lage war, *die* Geschichte erzählen wir uns nicht. Warum nicht? Weil sie keine Emotionen in uns auslöst und wir sie uns daher nicht merken würden. Anders formuliert: »Die Technik des Storytellings bietet verschiedene Vorteile, die sich in einem starken Kommunikationswettbewerb günstig auswirken können. Komplexe Inhalte lassen sich sympathisch und nachvollziehbar darstellen, um so die Einbeziehung und die Aktivierung, das Mitdenken und die Erinnerungsleistung der Rezipienten zu fördern.«[2]. Und darum geht's letztendlich.

Wenn Sie zum Thema Storytelling recherchieren, werden Sie rasch merken, dass es dazu eine Vielzahl an Buchtiteln, Fortbildungen und wissenschaftlichen Artikeln gibt. Das Thema ist gerade sehr en vogue. Zu Recht.

Wenn sich Produkte nur mehr minimal voneinander unterscheiden, wird über die Geschichte dazu differenziert.

Außerdem können über das Erzählen von Geschichten Emotionen ausgelöst werden. Wer es beispielsweise in Zeiten von Einsamkeit, Homeoffice, Homeschooling und Rückzug ins Private schafft, Geschichten über Zusammenhalt, Zugehörigkeit und Gemeinschaft zu erzählen, wird gewinnen.

Geschichten über Sehnsüchte lösen Verlangen aus.

Denn es ist am Ende nicht das Produkt, das wir haben möchten und daher kaufen, sondern es ist die damit konnotierte Emotion.[3] Es ist der Wunsch oder gar die tiefe Sehnsucht nach sozialen Kontakten, was uns heute ein Produkt kaufen lässt, das uns Erfüllung verspricht. Das Identifizieren mit der Marke oder einem Produkt fällt über das Erzählen von Geschichten leichter. Wenn Sie ein Gespür dafür haben, was Menschen, die Ihr Produkt oder Ihre Dienstleistung kaufen sollen, bewegt, dann wird es für Sie ein Leichtes sein, die Geschichte zu Ihrem Unternehmen zu erzählen.

Narrative gibt es auch in der Politik. Ein Beispiel für gelungenes Storytelling ist Michelle Obamas Rede, die sie 2008 im Pepsi Center in

Denver im Zuge von Barack Obamas Wahlkampf hielt. Wer möchte, recherchiert gerne, sie ist online leicht zu finden. Warum ich sie für eine Glanzleistung in Hinblick auf Storytelling, aber auch von der Rhetorik her halte, ist, weil es Michelle Obama auf sympathische Weise gelungen ist, ihr politisches Statement und ihre politische Mission in ein Narrativ zu verpacken, mit dem sich die Zuhörerinnen und Zuhörer identifizieren können.

Der Start der Rede ist bereits ein klares Anzeichen dafür, in welche Richtung es gehen wird: Es wird privat. Michelle Obama stellt bereits im ersten Satz ihren Bruder Craig vor und, was noch viel wichtiger ist, zeigt ihren Mann Barack von der privaten Seite, von seiner Leidenschaft für Basketball. Man muss sich nicht tagein, tagaus beruflich mit dem Analysieren von Reden auseinandersetzen, um zu erkennen, dass dieser erste Satz, Barack Obama spielt gerne mit meinem Bruder Basketball, nicht nur Sympathie, sondern vor allem auch große Identifikation auslöst. Basketball zählt in den USA zu den beliebtesten Sportarten überhaupt. Somit ist die Wahrscheinlichkeit groß, sich Sympathiepunkte über die Sportschiene zu holen. Ausgehend von der Begeisterung für Sport, konkret für Basketball, erzählt Michelle Obama in dieser Wahlkampfrede nicht irgendeine Geschichte, sie erzählt *ihre* Geschichte. Wo sie herkommt, wie ihr Verhältnis zu ihrem Bruder war und ist, über die Krankheit und das frühe Ableben ihres Vaters. In dieser Rede ist kein Wort zu viel, keines zu wenig. Die Wortwahl ist genauso durchdacht wie emotional. Michelle Obama macht sich dadurch, durch das Erzählen ihrer Biografie, auf die emotionalste Weise, wie dies nur möglich ist, ungeheuer nahbar. Damit die Identifikation mit den Frauen gelingt, also mit wirklich *allen* Frauen, beschreibt Michelle Obama weiter, in welcher Rolle sie an diesem Abend vor ihrem Publikum steht. Sie sei hier nicht nur als Schwester, sondern auch und vor allem als Ehefrau und Mutter. Als Ehefrau, die ihren Mann liebt und daran glaubt, dass er ein außergewöhnlicher Präsident wird. Und als Mutter; wobei, genau gesagt eigentlich nicht einmal als Mutter (*mother*), sondern als Mama (*mom*). Diese Differenzierung in der Wortwahl scheint nur auf den ersten Blick unbedeutend. Bei genauerem Hinsehen, bei genauerer Analyse der Wortwahl wird deutlich, dass *mom*, also die Mama, noch wesentlich mehr Nähe und Menschlichkeit impliziert als das Wort Mutter. Wie eben schon gesagt, kein Wort bleibt in dieser Rede dem Zufall überlassen. Michelle Obama tritt ihrer Zuhörerschaft also als *mom* entgegen, *whose girls are the heart of my heart and the center of my world.* Als Mutter, deren Mädchen das Herz ihres Herzens und das Zentrum ihrer Welt sind. Und nun die Gretchenfrage: Welche Mutter würde jemals etwas anderes von sich oder ihren Kindern behaupten? Mit diesem Satz, dieser Formulierung trifft Michelle Obama alle Mütter direkt ins Herz. Hier steht, hier kämpft eine Frau für ihren Mann, eine Frau, die gleichzeitig auch Mutter ist, voller Entschlossenheit für sich, ihre Familie und für die USA. Diese Frau versteht mich. Sie kümmert sich um die Zukunft unserer Kinder (*Their future — and all our children's future — is my stake in this election.*). Sie hat mehr als nur ein wachsames Auge darauf, dass auch aus meinen Kindern etwas werden kann. Das ist die Botschaft. Und ich wage zu behaupten, diese Botschaft kommt an.

Mit diesem Redeeinstieg von Michelle Obama im Zuge von Barack Obamas Wahlkampf 2008 wird deutlich: Dies ist ein Paradebeispiel für gelungenes Storytelling. Das Wording zeigt uns, wie mit dem Anknüpfen an die Gefühle der Zielgruppe, in diesem Fall der Zuhörerinnen und Zuhörer, Zugehörigkeit entsteht.

Machen Sie sich bewusst, dass Ihre Wunschkundin, Ihr Wunschkunde ein Mensch mit Sehnsüchten ist und als solcher im Kaufprozess agiert. Ich weiß, dass dies eine sehr einfache und reduzierte Darstellung ist. Aber der Punkt ist: Wenn Sie es schaffen, mit Ihrer Story, mit Ihrem Wording, mit Ihrer Marke auf die Sehnsüchte Ihrer Wunschkund*innen einzugehen, dann haben Sie gewonnen. Es ist ganz egal, ob Sie ein Getränk produzieren und damit Ihren Wunschkund*innen das Gefühl geben, die Welt zu retten (CO2-Bilanz, fairer Lohn, regionale Produktion, …) oder ob Sie Hersteller*in von Kindermode sind und Ihren Wunschkund*innen das Gefühl geben, mit Ihrer Mode Kinder aus Entwicklungsländern zu unterstützen (über Spenden etc.). Aber Achtung: Erzählen Sie nicht einfach nur eine Story, die Ihre Wunschkund*innen hören möchten, wenn sie nicht wahr ist. Sie würden Sie allzu schnell durchschauen. Authentizität ist ein vorausgesetztes Motiv für Ihre Geschichte. Dennoch: Wenn Sie zunächst erkannt haben, welche Sehnsüchte Ihre Wunschkundschaft hat, dann nehmen Sie diese als Grundlage und bauen darauf Ihre Geschichte auf.

Das eigene Preissegment kennen

Damit Sie die Fragen in der nächsten Übung für sich und Ihr Unternehmen bestmöglich beantworten können, kann ein Blick auf das Preissegment hilfreich sein:

Das Preissegment zu definieren ist deshalb wichtig, weil die Analyse hilft, zu entscheiden, wie man seine Wunschkundschaft ansprechen möchte. Je teurer das Produkt oder die Dienstleistung im Vergleich zu anderen ist, desto eher sollte man bei der Kundin, beim Kunden an Gefühle appellieren. Ein reiner Nutzenappell reicht hier nicht.

Ein Beispiel: Sie verkaufen einen Staubsauger, der eine zusätzliche Funktion und zudem ein innovatives Designelement hat. Sie entscheiden sich aufgrund der Innovation dafür, 30 Prozent mehr als der Wettbewerb zu verlangen. Die Kundschaft weiß jedoch, dass das günstigere Produkt genauso gut saugt wie das Ihrige. Sie müssen Ihre Interessentinnen und Interessenten jetzt davon überzeugen, dass sie trotzdem, lediglich aufgrund des besseren Designs, Ihres kaufen. Wie stellen Sie das an? Wieso soll die Kundschaft gerade Ihren Staubsauger kaufen? Sie müssen an ihre Gefühle appellieren. Möglicherweise hat Ihr Staubsauger eine zusätzliche Hülle aus Marmor und ist somit ein Schmuckstück, ja geradezu ein wahres Must-have für jedes Wohnzimmer! Oh wow, Deko fürs Wohnen! Da geht's dann ganz plötzlich gar nicht mehr primär um das Saugen oder um saubere Böden. Diese Leistung versteht sich dann sowieso von selbst.

Das Alter der Wunschkundin, des Wunschkunden zu kennen, ist mindestens ebenso wichtig. Wie bereits im Beispiel von vorhin beschrieben, besteht die Mindestanforderung der Love-Words darin, dass die Zielgruppe diese Begriffe kennt. Die Analyse kann auch noch konkreter werden, indem man schaut: Gut, meine Kund*innen sind in etwa 18 bis 20 Jahre alt. Eventuell wären hier noch Begriffe aus der Jugendsprache angesagt. Welche sind das? Finden Sie sie heraus. Starten Sie eine Umfrage dazu. Love-Words müssen die Wunschkundin und den Wunschkunden widerspiegeln. Ebenso wie jene Wörter, die Sie beschließen, auf keinen Fall zu verwenden. Vielleicht auch deswegen nicht, weil sie Ihrem Image schaden oder die Kund*innen nicht ansprechen würden.

Checkliste zum Corporate Wording

Um die richtige Wortwahl für Ihr Unternehmen zu treffen, beantworten Sie sich die folgenden Fragen:

In welchem Preissegment befinden sich meine Produkte?

____

____

Auf welchem Preisniveau befindet sich meine Dienstleistung im Vergleich zum Wettbewerb?

____

____

In welcher Altersspanne befindet sich meine Wunschkundschaft?

____

____

Wie möchte ich als Unternehmer/Unternehmerin wahrgenommen werden?

___

___

Verkaufe ich meine Produkte B2B oder B2C?

___

___

Möchte ich an die Gefühle meiner Kundschaft appellieren oder stelle ich den Nutzen meines Produkts in den Vordergrund?

___

___

Für welches Problem bietet mein Produkt eine Lösung?

___

___

Was sind meine Love-Words?

___

___

Was sind meine No-Words/Blacklist-Words?

___

___

FAKTOR 2: DIE WUNSCHKUNDSCHAFT

»Hallo Julia, ich bin Sigrid und ich zeige dir, wie du deine Küche innerhalb von nur vier Wochen plastikfrei bekommst.«

Julia ist 32 Jahre alt, hat einen Master in Umwelt- und Bioressourcenmanagement und ist gerade in ihre erste Wohnung gezogen. In ihrer Freizeit ist Julia als Umweltaktivistin tätig, nun möchte sie im privaten Bereich schrittweise versuchen, auf ein plastikfreies Leben umzusteigen.

Julia ist Ihre Wunschkundin.

Kundenansprache oder: Kennen wir uns?

Die Frage, wie Sie Ihre Kundschaft ansprechen möchten, haben Sie sich vermutlich schon gestellt. Die Antwort darauf finden wir in der Regel in unserer Zielgruppe. Meine Oma würde es nicht toll finden, mit einem: »Hey, wie kann ich dir weiterhelfen? Kuck doch mal in die Sales.« angesprochen zu werden. Julia, die Umweltaktivistin aus der Einleitung, möglicherweise schon.

Jetzt, da Sie Ihre Wunschkundschaft kennen und wissen, mit wem Sie es ab sofort jeden Tag zu tun haben werden, wird es Ihnen leichtfallen, sich für eine Form der Kundenansprache zu entscheiden. Die höfliche Anrede »Sie« oder die persönliche Anrede mit Du.

oder Weiterentwicklung Ihrer Produkte nach, ohne an ihre möglichen Käufer zu denken.«[5] Diesen Fehler sollten Sie nicht machen.

Nun werden Sie vielleicht sagen: Woher soll ich meine Wunschkundschaft kennen, ich bin doch mit meinem Produkt/meiner Dienstleistung noch gar nicht auf dem Markt! Ich weiß doch noch gar nicht, wer mein Produkt/meine Dienstleistung kauft!

Das glaube ich nicht. Viel eher glaube ich, dass es die Wunschkundschaft schon gibt, Sie sich möglicherweise nur bis jetzt noch nicht darangemacht haben, sie für sich genau zu definieren.

Zielgruppe

Die Zielgruppe beziehungsweise die Wunschkundin und den Wunschkunden zu definieren ist unumgänglich für den Erfolg Ihres Unternehmens. Wenn Sie nicht wissen, wer Ihr Produkt oder Ihre Dienstleistung künftig kaufen soll, werden Sie sich mit dem Formulieren von Businesstexten schwertun. Möglicherweise tauchen in diesem Zusammenhang Gedanken auf wie:

»Ich möchte alle mit meinem Produkt begeistern. Jeder soll mein Produkt toll finden.«

Dann lassen Sie mich Folgendes erklären: Der Wunsch, dass möglichst jede und jeder Ihr Produkt oder Ihre Dienstleistung kaufen soll, ist absolut nachvollziehbar. Aber der Gedanke ist auch eine Falle. Denn wer ist alle und jeder? Je mehr Sie Ihre Zielgruppe ausweiten, umso unspezifischer wird sie. Wenn jede und jeder Ihr Produkt oder Ihre Dienstleistung kaufen soll, wie wollen Sie dann einen gemeinsamen Nenner definieren? Wie wollen Sie in der großen Masse Gemeinsamkeiten finden? Abgesehen davon, dass ich den Gedanken zwar verstehe, halte ich ihn doch mehr für eine Fantasie. Kinder sind als Kundschaft beispielsweise fast immer ausgenommen. Diese Personengruppe fällt folglich schon einmal weg. Wenn Sie also dem Gedanken nachhängen,

Ihr Produkt soll etwas für jedermann sein, könnten die Fragen auf Seite 64 helfen, die Zielgruppe einzuschränken.

Sich über diese Fragen Gedanken zu machen hilft Ihnen, sich von der Fantasie zu verabschieden, Ihr Produkt oder Ihre Dienstleistung sei für jedermann wichtig/nützlich/sinnstiftend. Diese Loslösung hat außerdem einen wesentlichen Vorteil:

Je mehr Sie Ihre Zielgruppe einschränken und je genauer Sie Ihre Wunschkundschaft definieren, desto konkreter und besser können Sie Ihre Businesstexte auf Ihre Zielgruppe zuschneiden.

Und das wollen Sie ja auch. Ich habe ein Beispiel für Sie, das zeigen soll, wie ein Webtext aussehen kann, bei dem es eine sehr weite Zielgruppe gibt, und einen, bei dem die Wunschkundschaft klar definiert ist. Das fiktive Produkt ist ein Nassrasierer. Die Neuheit ist, dass der Rasierer ohne Plastik auskommt und in seinen Bestandteilen fast zu 100 Prozent recycelbar ist.

ZIELGRUPPE EINSCHRÄNKEN

Ist mein Produkt tatsächlich auch für Senioren geeignet?

Profitieren Männer und Frauen gleichermaßen von meinem Produkt?

Wird mein Produkt in ländlichen Gebieten genauso wichtig sein wie in städtischen?

Gibt es einen regionalen Bezug?

Wird sich mein Produkt jeder leisten wollen?

Für welche Zielgruppe ist mein Produkt vielleicht sogar zu teuer?

Für wen stiftet meine Dienstleistung keinen Nutzen?

Wer würde meine Dienstleistung am ehesten weiterempfehlen?

Webtext 1
Der ökologisch nachhaltige Öko-Razor ist für Männer und Frauen gleichermaßen geeignet. Mit seinen extrascharfen Klingen ist zwar Vorsicht geboten, aber dafür schneidet er auch lange Barthaare. Auch ältere Menschen sollten sich für das Rasieren Zeit nehmen, da die Klingen sehr scharf sind. Die Bestandteile sind fast zur Gänze recycelbar. Wir produzieren in der EU. Zu einem Kennenlernpreis von 25,99 Euro erhalten Sie den Öko-Razor ohne zusätzliche Versandkosten. Wir freuen uns auf Ihr Feedback per Post oder per E-Mail.

Webtext 2
Der ökologisch nachhaltige Öko-Razor ist die erste Wahl für umweltbewusste junge Menschen, denen ihr ökologischer Fußabdruck wichtig ist. Seine Bestandteile sind fast zur Gänze recycelbar. All unsere Produkte werden nachhaltig und von Hand in einer Manufaktur in der EU hergestellt. Außerdem kommt der Öko-Razor fast ohne Plastik aus. Umweltschutz kann so einfach sein! Zu einem Kennenlernpreis von 25,99 Euro erhältst du den Öko-Razor ohne zusätzliche Versandkosten. Wenn wir dich überzeugen konnten, verlinke uns gerne mit deinem Öko-Razor auf Instagram.

Webtext 1 ist sehr schwammig formuliert. Da das Produkt keine definierte Zielgruppe hat, wird die Kundschaft sicherheitshalber in der Sie-Form angesprochen. Das ist kritisch zu beurteilen. Denn die junge, umweltbewusste Käufergruppe, die das Produkt eigentlich ansprechen sollte, will lieber geduzt werden. Man wird sich in der Formulierung außerdem nicht einig, ob der Rasierer von Männern, von Frauen oder von beiden genutzt werden soll und kann. Möglicherweise stellt das Produkt für Seniorinnen und Senioren sogar ein Risiko dar. Ausschließen möchte man die ältere Generation trotzdem nicht. Auch dies ist kritisch zu hinterfragen, da es bei Verletzungen mit dem Gegenstand im besten Fall zu einem Imageschaden, im schlechtesten zu Klagen kommen kann.

Webtext 2 ist eindeutig auf eine bestimmte, junge Käuferschicht zugeschnitten. Von der Wunschkundin und vom Wunschkunden weiß man, dass ihr oder ihm Umweltschutz am Herzen liegt, dass er oder sie über ein gutes bis sehr gutes Einkommen verfügt und ihre oder seine Umweltschutzmaßnahmen gerne auf Social-Media-Kanälen präsentiert. Die Wunschkundschaft weiß Nachhaltigkeit zu schätzen und gibt für ein ökologisch nachhaltiges Produkt gern etwas mehr aus. Die Zielgruppe weiß aber auch, dass sie sich dadurch von der Masse abhebt. Zu einer besonderen Zielgruppe zu gehören, ist der Wunschkundschaft wichtig. Diese Unterscheidung zeigt, wie sehr Businesstexte von der Einschränkung der Zielgruppe profitieren.

Wenn Sie Ihre Zielgruppe einschränken, gewinnen das Unternehmen und die Wunschkundschaft gleichermaßen.

Warum? Ganz einfach!

Mit »alle« und »jeder« kann sich Ihre Wunschkundschaft nicht identifizieren.

Und wenn keine Identifikation mit dem Produkt, der Marke, dem Unternehmen gelingt, wird es schwierig sein, als Gründer*in am Markt Erfolg zu haben. In bekannten TV-Formaten, konkret in den sogenannten Start-up-Shows, fällt unter den Investoren oft der gängige Einwand: Ihre Zielgruppe ist zu spitz, somit ist es kein Investment-Case. Das mag für Investor*innen richtig sein. Aber Sie als Gründer*in haben von der sogenannten spitzen Zielgruppe tatsächlich mehr. Das gilt nicht nur für die Vorteile für Ihre Businesstexte in der Kundenkommunikation, das gilt auch im Hinblick auf den Marktsättigungsgrad. Der Konkurrenzdruck ist groß.

Eine Möglichkeit, mit seinem Angebot herauszustechen, ist das Einschränken der Zielgruppe, weil Sie in Ihrer Kundenkommunikation dann sagen: Ich zeige Ihnen, wie Sie Ihr Lieblingstier in Bewegung am besten ohne künstliches Tageslicht im Freien shooten. Und Sie sagen nicht: Ich bin Tierfotograf*in.

Was sagt der Satz über die Wunschkundschaft aus?

Er sagt, dass die Wunschkundin und der Wunschkunde in diesem konkreten Fall Tierliebhaber*in ist und ein Haustier hat. Er sagt, dass die Wunschkundin und der Wunschkunde Hobbyfotograf*in ist und gern Haustiere fotografiert. Er sagt, dass das Fotografieren des Tieres in Bewegung schwieriger und für den Laien oft ein Problem ist. Er sagt, dass die Wunschkundschaft über eine Kamera verfügt und gerne wissen würde, wie man sein Tier in Bewegung ablichten kann. Er sagt, dass die Wunschkundschaft die Möglichkeit hat, mit dem Tier ins Freie zu gehen.

Das scheinen auf den ersten Blick jede Menge Attribute und gleichzeitig Einschränkungen der Zielgruppe zu sein. Auf den ersten Blick. Auf den zweiten Blick ist diese Einschränkung die Chance, all jenen Tierbesitzer*innen – und vermutlich sind das gar nicht einmal so wenige – zu vermitteln: Ich bin Expert*in für bewegte Tiershootings im Freien und helfe Ihnen zu einem atemberaubenden Bild Ihres liebsten Vierbeiners.

Vielleicht ist Ihnen in der Werbesprache schon aufgefallen, dass heute der Begriff »Wunschkund*in« dem Begriff »Zielgruppe« oft vorgezogen wird. Sie ahnen vermutlich, woran das liegt. Genau: Die Wunschkundin und der Wunschkunde sind eine konkrete Person. Grammatikalisch gesehen ist der, die Wunschkund*in ein Substantiv in der dritten Person Einzahl. Eine oder einer. Die Zielgruppe hingegen impliziert viele. Und viele impliziert Ungenauigkeit. Und wenn wir nicht wissen, wen wir in der Kundenkommunikation ansprechen, werden unsere Texte ungenau, schwammig, langweilig. Sie wissen das bereits.

Gleichzeitig möchte ich Ihnen an dieser Stelle nicht vorenthalten, dass es bei der Verwendung des Begriffs Wunschkund*in auch kritische Stimmen gibt, deren Anliegen berechtigt sind und gehört und reflektiert werden sollten. Es gibt Expert*innen, die in Zusammenhang mit Wunschkund*innen primär das Abfragen von Attributen und die falsche Schlussfolgerung kritisieren, man hätte jetzt den, die auf das Unternehmen zugeschnittene*n Wunschkund*in designt, wenn man einen Fragebogen über zutreffende und nicht zutreffende Kriterien über die fiktive Person ausfüllt. Wenn Sie eine Suchmaschine öffnen und die Begriffe *Wunschkund*in* und *Fragebogen* eintippen, erhalten Sie eine Reihe an ebensolchen Fragebögen, die Ihnen helfen sollen, Ihre Wunschkundin und Ihren Wunschkunden, Ihren Kund*innen-Avatar, zu kreieren. Ein gängiger Einwand, dem ich mich anschließe, lautet als Frage formuliert:

Gibt es die fiktive Person, die hier erschaffen wird, gibt es den Kund*innen-Avatar denn überhaupt?

Wie wichtig ist es wirklich, zu wissen, ob Ihre Kundin, Ihr Kunde lieber Sachbücher oder Romane liest, wenn Sie eigentlich recycelbare Nassrasierer verkaufen? Und welche Rolle spielt es, ob Ihre Wunschkundschaft zwei oder fünf Kinder hat, wenn Ihre Dienstleistung in einem Abholservice von Paketen besteht, die als Retoure zurück zum Unternehmen gehen? Man weiß es nicht. Und das ist der Punkt.

Hinterfragen Sie bei der Erstellung Ihrer Wunschkundin und Ihres Wunschkunden zweierlei. Und zwar erstens, ob es diese fiktive Person auch wirklich geben kann oder ob Sie sich hier jemanden ausgedacht haben, den es eher nur in der Fiktion gibt. Und fragen Sie sich zweitens, ob Ihr Unternehmen der fiktiven Person dann auch das bieten kann, was er oder sie braucht. Alles andere wäre kontraproduktiv für Ihr Unternehmen.

Hier ein Beispiel:
Ihr Kund*innen-Avatar ist fertig. Sie gestalten Ihren Webauftritt und die gesamte Kundenkommunikation angelehnt an Ihre*n Wunschkund*in (40 bis 50 Jahre alt, Einkommen im oberen Spitzenfeld, geschäftsführende Position, Besitzer*in mehrerer Immobilien und Autos, zweimal geschieden, kinderlos). Der erste Interessent, die erste Interessentin wird zur Kund*in und vereinbart einen Termin für ein Unternehmens-Coaching. Sie öffnen ihm oder ihr die Tür zu Ihrem 20-Quadratmeter-Büro, das Sie sich mit Ihrem Mitarbeiter teilen, der gerade mit lautstarken Verkaufsgesprächen am Telefon hängt. Was wird Ihr*e Kund*in denken? Oder anders gefragt: Haben Sie sich die richtige Wunschkundin, den richtigen Wunschkunden zurechtgelegt? Oder noch mal anders: Kann Ihr Unternehmen, so wie es aufgestellt ist, die Erwartungen Ihrer Wunschkundschaft erfüllen?

Wenn Sie die letzten beiden Fragen in Anlehnung an Ihr Unternehmen nicht mit einem deutlichen Ja beantworten können, müssen Sie dringend nachjustieren. Denn dieses Beispiel zeigt uns, dass die Kundenkommunikation zwar gut funktioniert hat – der Wunschkunde, die Wunschkundin hätte ja sonst kein Coaching gebucht –, aber wenn eine derart große Diskrepanz zwischen den Erwartungen des Wunschkunden, der Wunschkundin und dem, was die Firma leisten kann, besteht, dann wird die Unternehmung am Ende mit Sicherheit nicht von Erfolg gekrönt sein.

Also, was jetzt? Zielgruppe oder Wunschkund*in? Ich empfehle, beim Terminus Wunschkund*in zu bleiben, aber gleichzeitig zu hinterfragen, ob Wunschkund*in, Kundenwünsche und Angebot eine realistische Einheit bilden können.

Wo treffen Sie Ihre Wunschkundschaft?

Wir haben es schon erwähnt. Je genauer Sie Ihre Wunschkund*innen kennen, umso besser wissen Sie, wo sie sich gerne aufhalten. Gestalten Sie am besten ein Profil Ihrer Wunschkundin und Ihres Wunschkunden und finden Sie dabei heraus, welche Kanäle sie und er gerne nutzt. Dieses Wissen hilft Ihnen, sich dort ebenso ansässig zu machen, um mit Ihrer Zielgruppe ins Gespräch zu kommen.

Wir stellen uns vor, Ihre Wunschkundin ist weiblich, Ende 30/Anfang 40, hat einen neuen Dampfgarer und möchte ihre Ernährung von Grund auf umstellen. Ihr Interesse gilt der TCM, der traditionellen chinesischen Medizin. Sie ist gerne auf Facebook online, um sich von Rezepten inspirieren zu lassen.

Sie als Ernährungswissenschaftler*in und Ernährungsberater*in wissen genau, wie Sie Ihrer Wunschkundin helfen und wo Sie sie abholen können. Ihre Motive sind bekannt.

Die Definition Ihrer Wunschkundin heißt in der Folge für Sie, sich als Unternehmer*in beziehungsweise als Ernährungsexpert*in auf Facebook zu positionieren. Damit Ihre Wunschkundin auf Sie aufmerksam wird, posten Sie regelmäßig Tipps zur Ernährungsweise der TCM sowie kreative Kochideen und Rezepte. Da sich Ihre Wunschkundin gerne auf Social-Media-Kanälen aufhält, werden Sie sie auf diesen Plattformen ab und zu über aktuelle Angebote – das können beispielsweise Koch-Workshops oder Online-Kurse zum Thema Ernährungsumstellung/Entschlacken etc. sein – informieren.

Was bringt Ihnen die Information darüber, wo sich Ihre Wunschkundschaft aufhält, unterm Strich? So einiges. Denn aus dieser Information können Sie für Ihr Unternehmen 1:1 ableiten, wo Sie sich selbst aufhalten sollten, um gesehen zu werden.

Mit der folgenden Übung können Sie nun Ihre Wunschkundschaft definieren.

WUNSCHKUNDSCHAFT DEFINIEREN

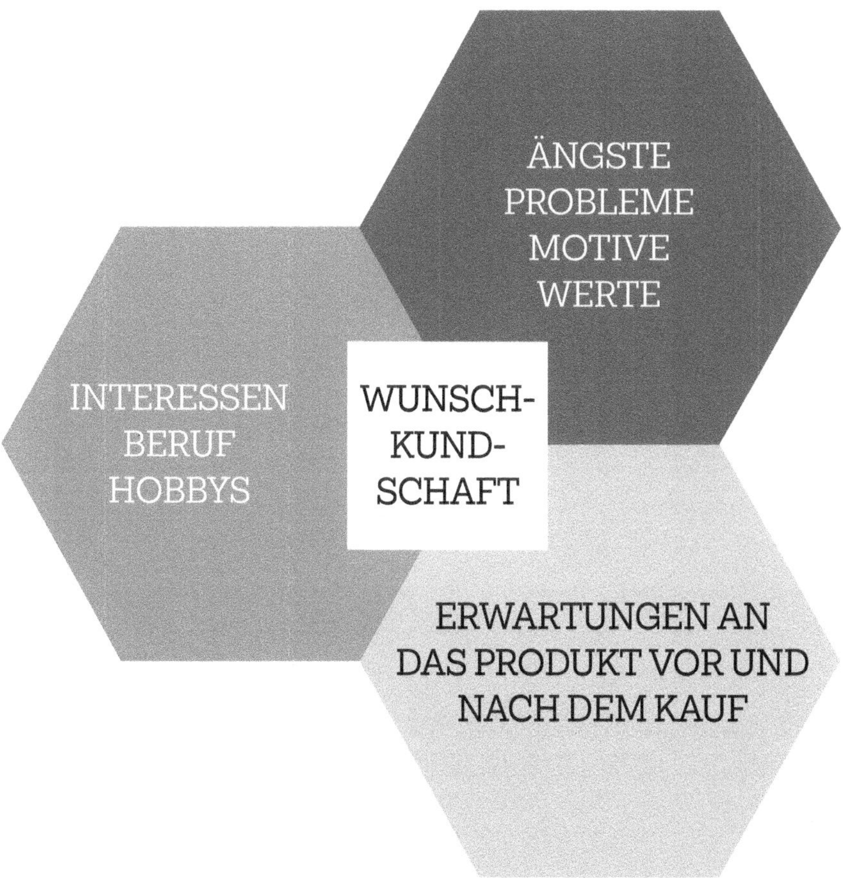

WUNSCHKUNDSCHAFT DEFINIEREN

EMOTIONALE EBENE

Was sind die Ängste, Werte, Motive und Probleme Ihrer Wunschkundschaft?

BERUFLICHE EBENE

Welchen Beruf hat Ihre Wunschkundschaft?

Was sind ihre Hobbys?

Welchen Interessen geht Ihre Wunschkundschaft nach?

ERWARTUNGEN

Welche Erwartungen hat die Wunschkundschaft an das Produkt?

Was erwartet die Wunschkundschaft nach dem Kaufabschluss?

WUNSCHKUNDSCHAFT DEFINIEREN

HIER IST PLATZ FÜR IHRE NOTIZEN

FAKTOR 3:
SPRACHLICHE WERKZEUGE

Warum sprachliche Werkzeuge? Stellen Sie sich vor, Sie möchten Sich selbst einen Couchtisch schreinern. Sie wissen: Ohne Werkzeug wird das nichts werden. Die Schraube lässt sich besser mit einem Schraubenzieher festdrehen, der Nagel leichter mit einem Hammer ins Holz schlagen, Montagekleber hilft bei der Fixierung. Beim Texten ist das ähnlich und auch hier gilt: Ohne Werkzeug wird das nichts werden. Klar, die Ziele des Schreibens von Businesstexten sind andere als jene des Schreinerns von Möbeln. Aber für beide Bereiche gilt, dass das, was dabei herauskommt, möglichst gut sein soll. Und jeder braucht dafür passendes Werkzeug.

Rhetorische Stilmittel

Aus dem vorangegangenen Kapitel wissen wir, dass es uns oft leichter fällt, Texte für eine Person zu schreiben, die wir vor unserem geistigen Auge haben. Das ist mit ein Grund dafür, warum heute oftmals von der einzelnen Wunschkundin beziehungsweise vom einzelnen Wunschkunden im Singular (Einzahl) und nicht (mehr) von der großen, schwammigen Zielgruppe gesprochen wird, von der in Wahrheit niemand so richtig weiß, wer sie überhaupt ist.

Das In-Kontakt-Kommen mit der Wunschkundschaft funktioniert primär über das Geschriebene. Bevor sich Ihre Wunschkundin, Ihr Wunschkunde telefonisch bei Ihnen meldet, um beispielsweise einen

Termin zu vereinbaren, ein Zimmer zu buchen, eine Reservierung zu tätigen, wird sie oder er etwas von Ihnen beziehungsweise über Ihr Unternehmen lesen. Konkret: Ihre Wunschkundschaft liest Ihre Businesstexte. Dabei spielt sich das In-Kontakt-Kommen vorwiegend auf der Website oder auf Social-Media-Kanälen ab. Wie die Wunschkundin, der Wunschkunde in der Folge auf Ihren Businesstext, also auf Ihren Webtext oder auf einen Post auf einer Social-Media-Plattform antwortet, darauf können Sie Einfluss nehmen. Und zwar, indem Sie dafür Sorge tragen, dass Ihre Webtexte wirklich richtig gut sind.

Die Wahrscheinlichkeit, wirklich richtig gute Texte zu formulieren, erhöht sich mit dem Einsatz sprachlicher Stilmittel.

Werbung lebt von rhetorischen Mitteln, denn sie hat zum Ziel, dass man sich das präsentierte Produkt merkt. Und was kann sich das menschliche Gehirn gut einprägen? Reime zum Beispiel. Ich möchte Sie dazu einladen, sich anhand der Anleitung den Einsatz von Bild und Text bewusst zu machen. Wenn Sie selbst Expert*in für Ihre eigenen Businesstexte werden möchten, ist es wichtig, zuerst einmal zu wissen, wie Texte »funktionieren«. Und das schauen wir uns einfach bei den Profis ab. Also: Fernseher an!

Übung

WERBUNG

SITUATION

Legen Sie das Buch einmal kurz zur Seite und schalten Sie den Fernseher an. Machen Sie sich bewusst, dass Sie jetzt gleich einen Werbespot ansehen werden.
Es ist ungeheuer wichtig, sich jetzt vorzustellen, den Spot nicht als Kund*in, sondern als Expert*in für Werbung zu betrachten. In Ihrer Fantasie sind Sie also nicht Konsument *in, sondern Expert*in.
Wählen Sie jetzt ein Programm aus, wo gerade Werbung läuft. Ich bin mir sicher, Sie finden einen Kanal. Irgendwo laufen immer gerade irgendwelche Spots. Wenn Sie nun einen Werbespot gefunden haben, dann stellen Sie sich während des Ansehens folgende Fragen:

WERBUNG

FRAGEN:

Was sehe ich konkret? Ist das eine glückliche Familie? Sind das stahlende Kinderaugen? Ist das eine Frau, die mit strahlend weißen Zähnen gerade genüsslich und zufrieden in eine Praline beißt?

Fragen Sie sich anschließend, wieso dieses Unternehmen gerade auf dieses Bild setzt! Was denken Sie? Wieso wirbt dieses Produkt mit einer glücklichen Familie? Wieso hier die strahlenden Kinderaugen?

In einem dritten Schritt bitte ich Sie, sich aufzuschreiben, welche einzelnen Wörter Sie sich aus diesem Spot gemerkt haben. Das müssen keine vollständigen Sätze oder ganze Slogan sein. Es reichen wirklich Floskeln oder einzelne Begriffe. Betrachen Sie im Nachhinein Ihre niedergeschriebenen Wörter und erörtern Sie deren Relevanz. Es muss uns klar sein, dass gerade in TV- Spots, die ja derart kurz sind und in denen jede Sekunde zählt und kostet, kein Wort dem Zufall überlassen ist, sondern ganz bewusst gewählt wurde.

Stellen Sie sich nun zuletzt die Frage, wie diese Bilder auf Sie wirken.

Übung

WERBUNG

Wenn Sie möchten, können Sie den Werbespot anschließend bewerten, indem Sie Folgendes überlegen:

Hat mir der TV-Spot gefallen? ja/nein

Würde ich das Produkt kaufen? ja/nein

Was fand ich am ansprechendsten?

Was hat mir am wenigsten gefallen bzw. was fand ich sogar richtig schlecht?

Passen Bild und Text gut zusammen? ja/nein

Würde ich das Produkt weiterempfehlen? ja/nein

Auf einer Skala von 1 bis 10, wie toll ist das Produkt?

1 2 3 4 5 6 7 8 9 10

Eine Übung für Fortgeschrittene finden Sie im Anschluss, wenn es gleich darum geht, die jeweiligen rhetorischen Mittel in TV-Spots oder in Printmedien, auf Websites etc. zu erkennen und zu analysieren.

RHETORISCHE FIGUREN

STILMITTEL	BEISPIEL
Alliteration	Mars macht mobil.
Anapher	Glück muss man haben. Glück braucht der Mensch.
Antithese	Er ist mein Freund und Feind zugleich.
Euphemismus	Arbeitskräfte freimachen
Hyperbel	Raketentempo
Interjektion	Ach herrje!
Ironie	Das ist ja mal wieder großartig gelungen.
Klimax	gute Bedingungen, bessere Umsetzung, beste Jobchancen
Litotes	nicht das schlechteste Essen
Metapher	die Nadel im Heuhaufen
Neologismus	pandemüde
Oxymoron	bittersüß
Paradoxon	so hell in dieser dunklen Nacht
Personifikation	Da lacht die Sonne vom Himmel.
Pleonasmus	weißer Schimmel
rhetorische Frage	Hast du etwa eine bessere Idee?
Tautologie	Er ist unheimlich smart und clever.
Vergleich	schwarz wie die Nacht

RHETORISCHE FIGUREN

STILMITTEL	DEUTSCHE BEZEICHNUNG
Alliteration	Stabreim
Anapher	Wiederholung des ersten Wortes
Antithese	Gegensatz
Euphemismus	Beschönigung
Hyperbel	Übertreibung
Interjektion	Ausrufewort
Ironie	verdeckter Spott
Klimax	Steigerung
Litotes	doppelte Verneinung
Metapher	sprachliches Bild
Neologismus	Wortneuschöpfu ng
Oxymoron	widersprüchliche Begriffe
Paradoxon	widersprüchliche Behauptung
Personifikation	Vermenschlichung
Pleonasmus	gleiche/ähnliche Wörter
rhetorische Frage	Scheinfrage
Tautologie	doppelter Sachverhalt
Vergleich	Vergleich

RHETORISCHE FIGUREN

STILMITTEL	BEISPIEL FÜR IHR UNTERNEHMEN
Alliteration	
Anapher	
Antithese	
Euphemismus	
Hyperbel	
Interjektion	
Ironie	
Klimax	
Litotes	
Metapher	
Neologismus	
Oxymoron	
Paradoxon	
Personifikation	
Pleonasmus	
rhetorische Frage	
Tautologie	
Vergleich	

Es ist wichtig, zu wissen, dass es rhetorische Stilmittel gibt und dass diese die Merkfähigkeit positiv beeinflussen. Es ist einfach so: Was sich reimt, merken wir uns leicht. Der Reim ist aber nur eine von vielen wirksamen Figuren, die wir im Deutschen kennen und die unter anderem in der Werbebranche ihren Einsatz finden.

ÜBUNG 2: Werbung

Legen Sie das Buch beiseite. Der Fernseher bleibt diesmal aus. Versuchen Sie, sich nun an drei unterschiedliche Werbespots und/oder Werbeslogans zu erinnern. Das können auch ältere, vielleicht sogar welche aus Ihrer Kindheit sein. Ein Beispiel wäre der Slogan des Schokoladenriegels Mars: Mars macht mobil bei Arbeit, Sport und Spiel.

In dieser Übung geht es nicht um das Produkt per se, sondern darum, zu analysieren, welche Werbungen Ihnen heute (noch) im Gedächtnis sind. Anschließend schauen wir uns das Warum dazu an. Schreiben Sie nun auf.

Werbespot/Werbeslogan 1

Werbespot/Werbeslogan 2

Werbespot/Werbeslogan 3

Um herauszufinden, warum gerade die eben genannten drei Slogans so gut gemerkt wurden, ist es nun an der Zeit für ein bisschen trockene Theorie. Wir nehmen die Gestaltungstechniken von Texten genauer unter die Lupe.

Ich oute mich an dieser Stelle als Verfechterin des meines Erachtens nach zu Unrecht in Verruf geratenen Auswendiglernens und kann nur sagen: Wenn Sie selbst für Ihre Businesstexte aktiv werden möchten, ist es wirklich von Vorteil, sich in die verschiedenen Gestaltungsmöglichkeiten des Textens einzulesen. Aus jahrelanger Vortragstätigkeit weiß ich, dass diese Bitte in den seltensten Fällen auf Jubel und Applaus stößt. Aber genauso weiß ich auch, dass die Begeisterung, sei sie noch so still, in der Regel mit dem Machen kommt. Fangen Sie einfach an! Sie werden merken, sobald Sie sich mit der Thematik auseinandersetzen und für Ihr Unternehmen ein bisschen herumprobieren, kommt das Interesse ganz von selbst.

Der Imperativ

Unternehmenstexte unterliegen genauso wie Sprache selbst einem stetigen Wandel und können ebenso veraltet wie zeitgemäß sein. In der sogenannten »alten Schule« wurde beispielsweise auf Höflichkeit allergrößter Wert gelegt. Möchten Kund*innen heute nicht mehr höflich behandelt werden? Doch, schon, auf jeden Fall! Aber wir sprechen anders mit ihnen. Der zweite Konjunktiv, ausgedrückt in Worten wie dürfte, könnte, würde, hat vielfach ausgedient. Oder begegnet man Ihnen heute noch mit Sätzen wie:

Dürfte ich Ihnen vielleicht in den Mantel helfen?

Wie wünschen Sie zu bezahlen?

Würde es Ihnen etwas ausmachen, in der Nähe der Auslage kein Eis zu lecken?

Wir wollen es anders formulieren: Nicht die Höflichkeit, sondern der Konjunktiv hat ausgedient.

Und wer hat seinen Platz eingenommen? Let's welcome: der Imperativ. Und was ist das? Das ist die Befehlsform. Die deutsche Sprache ist tatsächlich etwas rauer geworden. Das hat mitunter damit zu tun, dass der potenzielle Kunde, die potenzielle Kundin derart vielen Angeboten – ja, man könnte fast schon sagen – ausgesetzt ist, dass man ihm oder ihr am besten gleich direkt sagt:

Nimm zwei und erhalte ein drittes Produkt gratis dazu.

Klicke hier und erfahre mehr über die neuesten Trends ins Sachen Outdoor-Spielzeug.

Schreibe dich in den Newsletter-Verteiler ein und erhalte 10 % Rabatt auf deine nächste Bestellung.

Zur besseren Übersicht finden Sie hier eine Liste gängiger Imperativformen: hör zu, pass auf, kauf, lass sein, setz dich, bleib stehen, unterschreibe, klicke, kaufe jetzt, lächle, scrolle …

Aber Achtung! Wir sind hier nicht beim Militär und Sie möchten Ihre Website auch bestimmt nicht im Soldatendeutsch aufbauen. Zudem ist die Verwendung des Imperativs bei Produkten, die sich an Kinder richten, in manchen Ländern wie Österreich verboten, denn Kinder gelten – auch was die Werbung betrifft – als besonders schützenswert! Daher gelten zwei Grundsätze:

Der Imperativ macht durchaus Sinn, sollte aber mit Bedacht gewählt und sparsam eingesetzt werden. Bei Produkten, die sich an Kinder richten, ist der Imperativ verboten.

Konkret handelte es sich 2012 um die Aufforderung: »Hol dir jetzt dein Stickerbuch!« einer österreichischen Supermarktkette, die sich an Kinder richtete und daraufhin verboten wurde. Wenn Kinder Ihre Zielgruppe sind, ist es wichtig, dass Sie sich rechtlich gut absichern. Informationen über Dos and Don'ts in der Werbung erhalten Sie bei den Industrie- und Handelskammern in Deutschland beziehungsweise bei der Wirtschaftskammer in Österreich. Vorsicht ist auch geboten, wenn Ihre Zielgruppe Senioren sind.

Im Deutschen unterscheiden wir zwischen Aussagesätzen, Fragesätzen und Ausrufesätzen. Ausrufesätze stehen oft im Imperativ:

Schreib etwas Sinnvolles!
Hol dir eine Jacke, es ist kalt draußen!
Zieh dir schnell etwas an, sonst verkühlst du dich!
Greif schnell zu, sonst gehst du leer aus!
Speichere den Beitrag!
Melden Sie sich noch heute für den Online-Workshop an!

Ausrufesätze erkennt man nicht nur am Imperativ, sondern auch am Ausrufezeichen am Satzende. Aber auch hier gibt es natürlich eine Ausnahme von der Regel. Wenn Sie, beispielsweise auf Ihrer Website, nur Floskeln verwenden, nehmen wir an, für Call-to-Action-Buttons, dann ist ein Ausrufezeichen gar nicht zwingend notwendig. Worauf Sie bei CTA-Buttons achten sollten und wie und wo Sie sie am besten einsetzen, lesen Sie, wenn's um das Texten einer Website geht. Wenn Sie möchten, können Sie nun direkt zum Kapitel Website-Texten weiterspringen.

Diese fast rüde Art der Kundensprache bleibt nicht ohne Kritik. Unternehmen wollten ihre Produkte und Dienstleistungen schon immer verkaufen, das ist klar und logisch. Was jetzt hingegen missfällt, ist die Tatsache, dass es manchmal nur noch um den Befehl, also um den Verkauf geht. Nicht mehr verpackt in eine schöne Geschichte, auch Storytelling genannt. Wie bereits zu Beginn des Kapitels angesprochen, halte ich die übermäßige Verwendung des Imperativs für einen Ausdruck des Überangebots. Es gibt einfach zu vieles, das sich zu sehr ähnelt. Und wenn die Kundin dann keine Beziehung mehr zum Unternehmen aufbaut, wird es ihr auch egal sein, ob sie ihre Hausschuhe bei x, y oder z kauft. Gibt's hinter dem Produkt keine Story mehr, nichts, was einen Unterschied macht, nichts, was die Kundin berührt und Emotionen auslöst, dann bleibt dem Unternehmen bei all dem Überangebot nichts anderes übrig, als auf schnelle CTA zu setzen. Denn mehr hat das Unternehmen dann nicht zu bieten. Sonderangebote ersetzen Storys. Hat kreatives Storytelling also damit ausgedient? Ich persönlich glaube das nicht. Ich glaube, die Kundin oder der Kunde ist immer noch in der Lage, sich für ein Produkt ausreichend Zeit zu nehmen und sich dafür zu begeistern, hat es erst einmal ihr oder sein Interesse geweckt. Storytelling lohnt sich immer!

Falls Sie im Übrigen planen, Ihren Werbeslogan in englischer Sprache zu texten oder texten zu lassen, dann kann ich Ihnen hierfür noch folgende wichtige Information mitgeben: Der Imperativ ist im Englischen viel gebräuchlicher als im Deutschen – vermutlich, weil er da auch nicht so nach Befehl klingt. Take it easy, let's get it started, just smile, come in and find out – das klingt fast freundlich motivierend, mit Sicherheit aber nicht so militärisch wie die deutsche Übersetzung: Nimm's leicht, fang an, lächle. Und vermutlich hat er auch über das Englische Einzug in unsere Sprache gehalten, nur, wie gesagt: Der Einsatz von allzu vielen Formulierungen im Imperativ wirkt im Deutschen mitunter abschreckend und führt genau zum gegenteiligen Effekt. Dass nämlich Interessierte nicht zu Kund*innen werden, sondern das Produkt oder die Dienstleistung ausschlagen. Wie der sparsame, smarte Einsatz von Imperativen, beispielsweise auf Ihrem Webauftritt, gelingt, lesen Sie im Kapitel über CTA.

Der Superlativ

Dass bei der Anwendung von Superlativen Vorsicht geboten ist, das wissen wir aus Konsumentensicht bereits. Wo einem die sauberste Wäsche, das zufriedenste Kind, das schönste Foto versprochen wird, wirkt man bei der Kundschaft schnell unglaubwürdig oder unseriös.

Obwohl der Superlativ in der Werbung definitiv seinen Platz und seine Berechtigung hat, empfehle ich seinen sparsamen und bedachten Einsatz. Abgesehen davon, dass es rechtliche Konsequenzen für Sie bedeuten kann, wenn Sie etwas im Superlativ anpreisen, was Sie dann jedoch nicht beweisen können, halte ich den Superlativ in Hinblick auf das Firmenimage ganz grundsätzlich für problematisch.

Zur Rechtslage:
Grundsätzlich ist Werbung, die im Superlativ formuliert wird, nicht per se verboten. Sie darf aber nicht irreführend oder gar sittenwidrig sein. Irreführend wäre sie, wenn die Behauptung aufgestellt würde, dies sei der beste Müsliriegel am Markt. Die Behauptung ist irreführend und schwer nachzuweisen. Der Superlativ darf nicht verwendet werden. Wird hingegen – ebenfalls im Superlativ – behauptet, man habe die günstigste Pizza der Stadt, und man kann diese Aussage überprüfen und belegen, dann spricht an sich nichts dagegen, hier den Superlativ zu verwenden. Denn man hat ja tatsächlich die günstigste Pizza am Ort im Angebot.

Die Frage, die sich aber in der Folge durchaus stellt, ist, ob Sie so wahrgenommen werden möchten. Abgesehen davon, dass Sie die Aussage, die günstigste Pizza am Ort anzubieten, immer wieder auf ihren Wahrheitsgehalt hin überprüfen müssen, um keine falsche Aussage zu tätigen, ist es ja auch ein bestimmtes Image, das Sie sich damit selbst verleihen. Klar ist der Einsatz von Superlativen eine Möglichkeit, sich von der Konkurrenz abzuheben. Denn wenn Sie der günstigste Anbieter sind, gibt es keinen günstigeren mehr. Mit Image ist aber nicht unbedingt der Zusammenhang mit dem günstigen Verkaufspreis gemeint, sondern die Überheblichkeit, die mit einer Aussage im Superlativ mitschwingt. Wer von sich behauptet, der Beste auf einem Gebiet zu sein, macht sich nicht immer beliebt. Zudem fehlt der Kundschaft die Möglichkeit, sich mit dem Unternehmen zu identifizieren. Denn wenn das Unternehmen schon »der Beste« ist, wie soll die Kundin und der Kunde hier mithalten können?

Eine Möglichkeit, den Superlativ in Ihren Businesstexten zu umgehen und dabei trotzdem zu beeindrucken, ist, auf andere ausdrucksstarke Wörter zu setzen. Aber auch das Einschränken der Zielgruppe, wie bereits an voriger Stelle im Buch erwähnt, kann zum gewünschten Ergebnis führen.

> Anstatt zu schreiben:
> »Ich bin der beste Physiotherapeut in München«,
> wäre es doch viel besser, so zu formulieren:
> »Ich bin Peter, Physiotherapeut, und spezialisiert auf Sportverletzungen in den Beinen.«

Versuchen Sie doch einmal, sich in die Kundin und den Kunden hineinzuversetzen. Bei welchem Satz kann sich die Wunschkundschaft mehr unter Ihrem Angebot vorstellen? Bei dem mit dem Superlativ oder bei dem, in dem Sie Ihren Expertenstatus und Ihre Spezialisierung erwähnen? Jemand, der sich beim Fußballspielen die Bänder gerissen hat, weiß jedenfalls genau, dass er zu Letzterem geht.

Das apostrophierte »S«

Selbst für seine Unternehmenstexte zu sorgen, setzt ein Mindestmaß an Rechtschreibkenntnissen voraus. Was ich Ihnen jetzt gleich erklären werde, zählt zwar schon zur Kür der Rechtschreibung, für mich ist dieses Wissen aber dennoch sehr grundlegend; insbesondere auch, weil damit einhergehende Fehler weit verbreitet sind. Es geht um das Genitiv-S im Deutschen. Auch hier, genauso wie beim Imperativ, ist der Einfluss aus dem Englischen so groß, dass er mittlerweile überhandgenommen hat und tatsächlich viele kaum noch wissen, wie man das Genitiv-S richtig bildet.

Genitiv-Wer? Sie wissen schon: Susis Naturheilshop, Sandras Seifenladen, Omas Apfelkuchen ist der beste.

Die Beispiele zeigen es schon. Es ist nicht *Oma's* Apfelkuchen, nicht *Sandra's* Seifenladen und auch *Susi's* Naturheilshop wird nicht besser laufen, nur weil das s apostrophiert wird. Denn: Im Deutschen macht man das einfach nicht. End of story. Dass hier viele Unternehmen einen Apostroph setzen, liegt einfach daran, dass die englische Schreibweise an dieser Stelle einen vorsieht und viele der Meinung sind, das s abzugrenzen wäre auch ästhetisch schöner. Ich finde das nicht. Ich finde das deshalb nicht, weil ich nichts für schön erachte, was orthografisch falsch ist. Und abgesehen davon muss ich gestehen: Es gibt bestimmt kreativere Firmennamen als Manuelas Brötchenservice – egal ob mit oder ohne Apostroph.

Ob Sie in Ihre Unternehmenstexte Anglizismen, also englische Begriffe, einbauen möchten, ist eine Frage, die Sie sich gut und bewusst überlegen sollten.

Ihre Wunschkundschaft muss Anglizismen verstehen. Orientieren Sie sich bei der Unternehmenssprache an Ihrer Zielgruppe.

Dieser Prozess wird allgemeinhin Wording genannt. Das Corporate Wording ist Teil der Corporate Identity und darf, wenn man den Unternehmensaufbau professionell angehen möchte, nicht dem Zufall überlassen bleiben. Das Corporate Wording kann man sich in etwa wie das Gesicht des Unternehmens vorstellen. Mit der Wahl gewisser Begriffe genauso wie mit dem ganz bewussten Weglassen von Wörtern verleiht der Unternehmer, die Unternehmerin der Firma Charakter. Im besten Fall zieht sich das Wording dann durch das komplette Storytelling. Ist die Zielgruppe beispielsweise 60+, wird man vermutlich auf Anglizismen und andere nicht-deutsche Formulierungen verzichten; denn die kennt besagte Zielgruppe ganz einfach nicht. Folgende Fragen können helfen, das richtige Wording (Achtung: Anglizismus!) für Ihre Unternehmenssprache zu finden:

- Welche Wörter sind typisch für den Sprachgebrauch meiner Zielgruppe?
- Habe ich einige dieser Wörter in mein Wording integriert?
- Passt das Wording zu meiner Marke?
- Geht das Wording mit meinen Unternehmenswerten konform?
- An welcher Stelle hebe ich mich mit meinem Wording vom Mitbewerbers ab?

FAKTOR: RECHTSCHREIBUNG

Dieser erste Buchteil beschreibt die drei Faktoren, die für kundenwirksame Businesstexte relevant sind: der Faktor Wunschkundschaft, der Faktor Unternehmen und der Faktor rhetorische Stilmittel. Nun taucht hier in diesem Kapitel ein zusätzlicher Faktor auf, der Faktor Rechtschreibung. Die Rechtschreibung wurde bewusst nicht als ein vierter Faktor definiert, sonst hätte es ja die 4-Faktoren-Formel heißen müssen. Das liegt daran, dass die Rechtschreibung ein Element ist, das für alle Texte vorausgesetzt wird und allen Faktoren zugrunde liegt. Wenn man die Rechtschreibung nicht beherrscht, wird es schwieriger, sprachliche Bilder zu erzeugen, mit Sprache zu spielen beziehungsweise letztlich mit Sprache zu begeistern.

Tatsache ist aber auch, dass uns immer wieder Missgeschicke in der Rechtschreibung passieren. Das kann verschiedene Gründe haben. Es ist möglich, dass Sie keinen großen Wert auf korrekte Rechtschreibung legen und sich daher nicht groß darum kümmern. Es ist möglich, dass Sie eine Lese-/Rechtschreibschwäche und daher Schwierigkeiten haben, überwiegend korrekt zu schreiben. Und es ist schließlich ebenso möglich, dass Sie denken, ein Wort sei korrekt geschrieben, weil Ihnen die falsche Schreibweise immer wieder begegnet.

Im Bereich Social Media, konkret, auf Facebook und Instagram, ist das beispielsweise die Pluralform (Mehrzahlform) von Story: Stories. Diese Schreibweise gibt es im Deutschen nicht. Wir schauen uns das gleich genauer an.

Klassische Rechtschreibfehler

Die Liste beliebter Rechtschreibfehler ist lang. Wer einen Blick auf die häufigsten falsch geschriebenen Wörter werfen möchte, kann das gerne online machen. So findet man beispielsweise im Duden unter *Häufige Fehler und Falschschreibweisen* eine ganze Reihe Wörter, bei deren Schreibweise wir oft zweimal hinsehen müssen oder besser im Wörterbuch nachschlagen sollten. Anbei eine kleine Auswahl beliebter Rechtschreibfehler mit der passenden Erklärung dazu.

Storys

Wenn ich meine Geschichte über die Englischstunde erzähle, in der uns Schüler*innen eingetrichtert wurde, dass die Pluralbildung von Nomen, die auf -y enden, mit -ies geschrieben wird, dann bin ich sicher, dass Sie ähnliche Erfahrungen mit mir teilen. Aus dem *lolly* werden also *lollies*, aus dem *baby* werden *babies* und aus der *story* werden eben auch mehrere *stories*. Ja, das stimmt. Das stimmt aber nur für die englische Schreibweise. Im Deutschen verhält es sich anders. Im Deutschen erfolgt die Pluralbildung in diesen Fällen einfach mit dem Mehrzahl-s. Also Babys, Lollys und eben auch Storys.

Woran es liegt, dass diese falsche Schreibweise so verbreitet ist, darüber kann ich selbst nur spekulieren. Möglicherweise liegt es daran, dass uns im Deutschunterricht einfach nicht mit genügend Schärfe eingeimpft wurde: Achtung, die Schreibweise -ies im Plural gilt in der deutschen Rechtschreibung nicht! Vielleicht hat es auch ästhetische Gründe: Mir gefällt Stories einfach besser, daher schreibe ich das Wort gerne falsch. Nun ja. Ganz oft ist es aber ein Nicht-Wissen gepaart mit Unsicherheit, das zur Falschschreibung des Wortes führt. In Social-Medial-Kanälen erkennt man das an Beiträgen, bei denen beide Schreibweisen abwechselnd vorkommen. So auf die Art: Ich bin nicht ganz sicher, welche nun die richtige ist, also darfst du es dir aussuchen. Beide Formen in einem Text zu verwenden, ist die schlechteste aller

Möglichkeiten. Denn noch schlimmer als Falschschreibung ist Uneinheitlichkeit. Besser wird's zwar durch konsequente Wiederholung des Fehlers nicht, das ist klar. Richtiger auch nicht. Aber immerhin könnte man als Anhänger der falschen Schreibweise »Stories« dann noch argumentieren, man sei sich sicher, es werde sich bestimmt bald die falsche Schreibweise durchsetzen, man sei hier einfach Vorreiter. Ganz ähnlich wie manche große deutsche Zeitungen, die sich nach der zweiten Rechtschreibreform einfach für ihre eigene Schreibweise entschieden haben.

seid – seit

Ähnlich nachlässig gehen wir leider allzu oft mit der richtigen Verwendung von *seid* und *seit* um. Obwohl ja die meisten von uns wissen, dass es beide Wörter gibt, wird es schon schwieriger, wenn man nach Erklärungen für deren Einsatz fragt. Kürzlich habe ich einen in etwa so gearteten Social-Media-Beitrag gelesen: Seid einiger Zeit macht Instagram keinen Spaß mehr, nur mehr Influencer hier, seit ihr euch nicht zu schade, um euch dafür herzugeben?

Okay. Die Schreibung von *seid* und *seit* wurde also nicht verstanden beziehungsweise in diesem Fall falsch angewendet.

Seit ist ein Wort der Zeit, es bezieht sich auf einen Zeitraum, beginnend in der Vergangenheit:

> Seit ich mein Studium erfolgreich beendet habe, bin ich auf Jobsuche.
> Seit dem Beginn meiner Selbstständigkeit habe ich bereits drei Fortbildungsseminare besucht.
> Ich friere, seit die Heizung ausgefallen ist.

Die gängigsten mit *seit* verwandten Wörter sind übrigens *seither* und *seitdem.*

Seitdem du hier warst, fühle ich mich wesentlich besser.
Alle sind auf Urlaub. Seither ist es so still im Haus.

Seid hingegen ist eine Form von sein und wird in der zweiten Person Plural gebraucht:

- **Ihr seid ja alle hübsch gekleidet; gibt's einen Anlass?**
- **Wenn ihr alle da seid, setzt euch bitte hin.**
- **Ihr seid herzlich zu unserer Hochzeit eingeladen.**
- **Wenn ihr euch nicht sicher seid, kreuzt bitte vorerst nichts an.**

Wenn jetzt jeder von sich behaupten kann: Seit ich diese Erklärung gelesen habe, kann ich seit von seid unterscheiden, freue ich mich!

als – wie

Besonders im Bereich Lektorat stoße ich immer wieder auf die falsche Anwendung der Wörter *als* und *wie. Wie* und *als* sind Vergleichsworte; wobei *als* noch eine zusätzliche Bedeutung hat. Nämlich in Form einer Konjunktion (Bindewort), die einen Temporalsatz (Nebensatz/Zeitsatz) einleitet. Als Regel vorweg:

Was es niemals gibt, ist die Verwendung von als und wie hintereinander:

- **Das schmeckt ja besser, als wie ich erwartet habe. (FALSCH!)**
- **Wieso läuft der immer schneller als wie ich? (FALSCH!)**

Wer die Regel zur Anwendung von als und wie kennt, wird sagen: Ohnehin total einfach! Finde ich auch.

Das Wort *wie* kommt in jenen Sätzen zum Einsatz, die einen Vergleich mit einem Adjektiv im Positiv bilden. Ja, das klingt jetzt möglicherweise doch nicht ganz so einfach, wie ich ursprünglich dachte. Lassen Sie mich das erklären.

Das Adjektiv kann im Deutschen auf drei Arten gebraucht werden: im Positiv (Grundform), im Komparativ (Vergleichsform, von Lateinisch: comparare, vergleichen) und im Superlativ (höchste Steigerung). Man nennt das die Steigerungsformen. Beim Adjektiv »hoch« ist die Grundform »hoch«. Komparativ ist die Vergleichsform. Beim Adjektiv »hoch« ist die Vergleichsform »höher«. Der Superlativ, also die höchste Steigerung, von »hoch« ist »am höchsten«. Der Superlativ kann also nicht mehr gesteigert werden. Höher als am höchsten geht nicht mehr.

Nun zurück zur Regel. Ein Satz, in dem wir für einen Vergleich das Adjektiv in der Positivform verwenden, wird mit *wie* gebildet:

- Ich bin mittlerweile so groß wie mein Vater.
- Weißt du, wie warm es heute werden soll?
- Wie grausam ist das denn!
- Hast du das so verstanden, wie ich es dir erklärt habe?

Für Vergleiche, die mit dem Komparativ gebildet werden, kommt das Wort *als* zum Einsatz:

- Ich bin mittlerweile größer als mein Vater.
- Weißt du, ob es heute wärmer werden soll als gestern?
- Das ist ja wirklich grausamer als grausam.
- Soll ich es dir noch mal genauer als gestern erklären?

Die Unterscheidung zwischen wie-Positiv und als-Komparativ macht die Sache um einiges leichter.

das – dass

Die Verwendung von *das* und *dass* ist auch abseits von Social-Media-Kanälen und Webtexten ein Klassiker der Falschschreibung. Daher ein bisschen trockene Grammatik vorab.

Das kennen Sie alle als Artikel im Deutschen: das Auto, das Pferd, das Kind.

Dass kennen Sie, weil die Konjunktion (Bindewort) einen Gliedsatz einleitet:

- **Ich weiß, dass du mich beobachtet hast, als ich mich zur Tür hinausstehlen wollte.**
- **Dass er sie nach dem Geheimnis überhaupt gefragt hat, bringt sie in eine missliche Lage.**
- **Es ist gut zu wissen, dass die richtige Schreibung vielen schwerfällt.**
- **Dass wir noch ein bisschen üben müssen, ist mir klar.**

Dass ist immer eine Konjunktion (Bindewort).

Das ist nicht notwendigerweise immer ein bestimmter Artikel. Wir kennen im Deutsch das Wort *das* auch als Demonstrativpronomen (hinweisendes Fürwort) sowie als Relativpronomen (rückbezügliches Fürwort). Wie das Wort *das* als Pronomen eingesetzt werden kann, sehen Sie anhand dieser Beispiele:

- **Dies ist das Auto, das immer auf meinem Parkplatz parkt!**
- **Das ist ja eine Frechheit, diese Aussage!**

- Dass du mir meinen Text geklaut hast, das ist wirklich gemein.
- Erkennst du das Kind wieder, das da drüben auf der Schaukel sitzt?
- Ich habe nie behauptet, dass das eine einfache Übung ist!

Zugegebenermaßen ist die richtige Verwendung von *das* und *dass* nicht immer einfach. Und eine der häufigsten Fehlerquellen beim Schreiben. Das gilt übrigens für alle. Also auch für all jene, die viel schreiben oder beruflich mit dem Schreiben zu tun haben.

Mein Tipp für Ihre Unternehmenstexte lautet daher:

Überprüfen Sie jedes das und dass auf die Richtigkeit der Schreibweise! Die das-dass-Schreibung ist eine der häufigsten Fehlerquellen überhaupt.

Sollten Sie unschlüssig sein, helfen Expert*innen gerne weiter. Um auf Nummer sicher zu gehen, lassen Sie Ihre Texte von einer der zahllosen freiberuflichen Korrektor*innen Korrektur lesen.

AGB vs. AGBs

Grundsätzlich handelt es sich bei den AGB, also bei den allgemeinen Geschäftsbedingungen, um eine freiwillige Regelung, die erklärt, wie der Vertrag zwischen Kund*in und Firma im Detail aussieht. Die AGB definieren also sowohl die Rechte und Pflichten der Anbieterin, des Anbieters als auch jene der Käuferin, des Käufers. Wie Sie in diesem Satz vielleicht gerade gemerkt haben, habe ich nach dem Wort AGB die Verbform »definieren« benutzt (und nicht definiert). Daran erkennt man, dass die Abkürzung AGB bereits den Plural (die Mehrzahl) bedeutet und es nicht notwendig ist, an die Abkürzung ein zusätzliches s anzuhängen.

AGB ist bereits die Mehrzahl: allgemeine Geschäftsbedingungen. Die Abkürzung AGBs ist laut Duden nicht falsch, aber die seltenere Schreibform.

Falls Sie auf Ihrer Website AGB anführen möchten, können Sie das entweder mittels separaten Reiters machen oder im Fließtext auf die allgemeinen Geschäftsbedingungen hinweisen. Ein solcher Hinweis im Fließtext könnte wie folgt lauten:

- **Die AGB finden Sie hier.**
- **Den Link zu den allgemeinen Geschäftsbedingungen finden Sie hier.**

Wenn Sie einen Online-Shop betreiben, informieren Sie sich bitte genau über alle Erfordernisse zu den AGB und dem E-Commerce-Gesetz.

fürs, ums, ans, ins

Ich vermute, Sie ahnen es. Um's, an's, in's, für's – das ist falsch. Und sehr weit verbreitet, muss man leider sagen. Meine Vermutung ist, dass diese Form der Schreibung deshalb so gängig ist, weil wir einst gelernt haben: Wo man einen Buchstaben weglässt, gilt es, als Zeichen des Weglassens einen Apostroph zu setzen. Und so wäre der logische Schluss, dass aus *um* plus *das um's* wird. Denn die Buchstaben *d* und *a* fallen ja weg. So weit, so gut. Warum es dann aber doch falsch ist? Hier kommt folgende Rechtschreibregel zur Anwendung:

Wenn eine Präposition auf einen bestimmten Artikel trifft, dann entfällt der Apostroph. Es muss also richtig heißen: ans, aufs, durchs, fürs, hinters, ins, übers, unters, vors; am, beim, hinterm, überm, unterm, vorm; hintern, übern, untern, vorn; zur.

Teil 2

Businesstexte

SOCIAL MEDIA

Social-Media-Plattformen sind Netzwerke, die es User*innen ermöglichen, in Kontakt zu kommen und sich untereinander auszutauschen. Zu den gängigsten beruflichen Netzwerken im deutschsprachigen Raum zählen LinkedIn und Xing, klassische Medienplattformen sind Youtube oder WordPress. Im Rahmen der Businesstexte legen wir hier den Fokus auf die sozialen Netzwerke Instagram und Facebook, die in der Zwischenzeit zu einem Unternehmen fusioniert sind.

Das wachsende Interesse an Social Media und die steigenden Nutzerzahlen wirken sich auch auf die Marketing-Strategien von Unternehmen aus. Firmen erhoffen sich von dem zusätzlichen Kommunikationskanal natürlich eine größere Reichweite und eine stärkere Kundenbindung an das Unternehmen. Im besten Fall wachsen die Kundenzahlen. Während große Unternehmen eigene Abteilungen mit dem Pflegen und Verwalten von Social-Media-Kanälen beauftragen, bleibt diese Arbeit bei Klein- und Mittelunternehmen oft bei der Gründerin, am Gründer selbst hängen. Bei Ein-Personen-Firmen sowieso. Im besten Fall leisten sich manche einen Workshop zum Thema, um wenigstens Basiskenntnisse über das professionelle Betreiben von Social-Media-Kanälen zu erlangen. Oder sie beauftragen einen Freelancer mit der Betreuung des Firmenprofils. Fakt ist, das Potenzial, als Unternehmen auch online auf Social-Media-Plattformen präsent zu sein, haben die meisten Selbstständigen erkannt. Und nutzen es auch für sich, zumindest versuchsweise.

Wenn Sie sich selbst um den Social-Media-Auftritt Ihrer Firma kümmern, werden Sie die nachfolgenden Kapitel Social-Media-fit machen.

Ziel ist es, Ihnen die wichtigsten Tools und vor allem sprachlichen Dos and Don'ts mitzugeben, damit Sie es schaffen, in einer knapp kalkulierten Zeit von etwa 15 Minuten täglich Ihre Social-Media-Plattform kundentauglich, professionell und aktivierend zu gestalten.

Im Zuge des Lesens werden Sie möglicherweise bemerken, dass es keine gesonderten Kapitel zu anderen bekannten Kanälen beziehungsweise Plattformen wie WhatsApp, Pinterest oder Xing gibt. Die für dieses Buch ausgewählten Netzwerke Facebook, Instagram und LinkedIn stehen exemplarisch für die Sprache, die für die jeweiligen Plattformen passend scheint, und lässt sich auf andere, nicht erwähnte Plattformen ebenso anwenden. Da der Fokus in diesem Buch nicht auf der Funktion von Social-Media-Netzwerken oder auf bestimmten, damit zusammenhängenden Marketing-Aktivitäten, sondern auf der kundenwirksamen Rhetorik liegt, ist es völlig ausreichend, sich den momentan gängigen Kanälen zu widmen und Social-Media-Texte für Unternehmen anhand dieser Kanäle exemplarisch zu beschreiben.

Wie oben erwähnt, soll Ihre Social-Media-Plattform also kundentauglich, professionell und aktivierend sein. Aktivierend? Dazu noch folgende Anmerkung:

Wer sich dafür entscheidet, mit seiner Firma in einem sozialen Netzwerk präsent zu sein, verfolgt in der Regel neben den vorhin genannten Zielen die Bereitschaft zum Austausch mit den Kund*innen. Beiträge, sagen wir auf Instagram oder Facebook, werden derart gestaltet, dass sie zu einem solchen Austausch einladen. Immerhin soll sich der User, die potenzielle Kundin beziehungsweise der potenzielle Kunde, auf Ihrer Plattform wohlfühlen. Mitunter möchte sie oder er sich von Ihren Postings inspirieren lassen oder sucht Rat zu einem speziellen Thema. Wenn Sie es schaffen, den User von sich zu überzeugen, wird er oder sie möglicherweise Ihr*e Kund*in werden. »Aktivierend« meint aber nicht nur, dass der User auf Ihrem Profil aktiv wird und möglicherweise Postings kommentiert, sondern dass er Ihre Marke im besten Fall positiv nach außen hin vertritt. Kurz: Er macht unbeauftragte und unbezahlte Werbung für Sie. Wenn Ihnen das ohnehin schon häufig passiert, beherrschen Sie bereits alle Register des Social-Media-Marketings und können getrost im nächsten Kapitel weiterlesen. Anderenfalls zeige ich Ihnen nun, wie Sie es sprachlich, aber auch zeitlich effizient schaffen, zu einem Social-Media-Firmenprofil zu kommen, das Ihnen Spaß macht und Ihre Follower*innen zum Verweilen, Austauschen und Teilen von Inhalten einlädt.

Muss ein*e Unternehmer*in auf sämtlichen Kanälen präsent sein? Nein, das muss sie beziehungsweise er nicht. Wie viele Plattformen unternehmerisch bespielt werden, hängt neben dem Zeitfaktor auch davon ab, ob Sie selbst für die Inhalte zuständig sind oder beispielsweise einen Social-Media-Manager damit beauftragen. Gerade Ein-Personen-Unternehmen kalkulieren für Social-Media-Plattformen immer noch verhältnismäßig wenig Zeit und Budget ein. So nach dem Motto: Wenn es sich am Ende der Woche noch ausgeht, folgt ein Beitrag. Wenn nicht, dann nicht. Diese Einstellung ist zwar nachvollziehbar, aber sie ist weder systematisch noch produktiv oder effizient, und sie bringt auch keine neuen Kund*innen. Die Zeit, die Sie dafür aufwenden, können Sie vermutlich anderweitig besser nutzen. Dabei geht es im Hinblick auf Social Media vielen Gründer*innen gleich. Man fängt irgendwie an, weil Social-Media-Marketing eben dazugehört, schenkt dem ganzen Prozess aber nicht die Aufmerksamkeit, die er braucht, um tatsächlich zu einem erfolgreichen Vorhaben zu werden.

Mein Tipp lautet hier, im Vorfeld eine wohlüberlegte Wahl zu treffen, welche Social-Media-Kanäle man bespielen möchte. Wobei die Auswahl weniger eine Lust-und-Laune-Entscheidung als vielmehr eine bewusste Entscheidung, ausgerichtet an der Zielgruppe, sein sollte. Und eins noch: Vergessen Sie nicht Ihre Strategie, denn »viele Onlinekanäle von Unternehmern verfolgen ein Konzept: nämlich gar keins.«[6] Was das

Vorhandensein eines definierten Plans angeht, darüber sind sich Expertinnen und Experten einig. Auch Annika Schach betont, dass für Aktivitäten im Netz professionelle Konzeption notwendig sei.[7] Konkret: »Es gilt zu definieren, welche Ziele durch Social-Media-Aktivität erreicht werden sollen.«[8]

Sprachliche Besonderheiten

Es wäre zu kurz gegriffen, Social-Media-Plattformen einfach als die Verlängerung von Marketing-Aktivitäten ins Private hinein zu verstehen. Wir wissen, dass es heute nicht mehr ausreicht, sich auf Instagram und Facebook abends einfach mal mit seinem Feierabendbier zu zeigen. Und wir wissen auch, dass Instagram und Facebook nicht einfach nur kostenlose Werbe-Tools sind. Folgendes Beispiel zeigt Ihnen, was Instagram und Facebook wirklich sind.

Als Porträtfotograf*in werden Sie oft von Firmen gebucht, wenn es darum geht, das Team für den Webauftritt abzulichten. Sie wissen, worauf es ankommt, um Menschen ins rechte Licht zu rücken, Ihren Job machen Sie mit Hingabe und Leidenschaft. Während Sie Ihren Kund*innen auf Ihrer Website neben Ihrem Angebot auch Referenzen auflisten, die Ihren Expertenstatus untermauern, entscheiden Sie sich dafür, Interessent*innen auf Social-Media-Kanälen einen Blick hinter die Kulissen zu gewähren. Sie nehmen Ihre Follower*innen auf Shootings mit und zeigen, wie Porträt-Fotoshootings ablaufen. Außerdem geben Sie regelmäßig Inputs zum Thema Fotografie, Sie zeigen sich oft mit Ihrer Kamera, manchmal bei Ihren Vorbereitungen, Sie zeigen aber auch, wie viel Arbeit in der Nachbearbeitung von Bildern steckt. Ihre Beiträge wechseln sich thematisch ab. Mal zeigen Sie Backstage-Eindrücke, mal Schnappschüsse während eines Shootings, mal nehmen Sie Ihre Follower*innen bei Vorbereitungen und Nachbearbeitungen mit. Sie schaffen zweierlei: Einerseits untermauern Sie mit den vielen fachlichen Inputs Ihren Expertenstatus, andererseits zeigen Sie sich nahbar und laden zum regen Austausch ein. Auf dem einen oder anderen seltenen privaten Schnappschuss treten Sie Ihren Interessent*innen ganz einfach als Mensch gegenüber. Sprachlich schaffen Sie es, jene Tonalität konstant beizubehalten, die Sie auch in Ihren E-Mails und im generellen Kundenkontakt wählen.

Wie schlägt sich das nun sprachlich nieder? In erster Linie authentisch, zielgruppenorientiert, nahbar. Neben dem Grundsatz der größtenteils einwandfreien Rechtschreibung, Grammatik und Logik geht es darum, Follower*innen zu aktivieren. Wie das geht? Eine Option wäre das Stellen von Fragen.

Unter jedem Bild, das auf Facebook und Instagram gepostet wird, hat man die Möglichkeit, einen sogenannten Bildtext zu verfassen. Wenn hier direkt mit einer Frage eingeleitet wird, fühlt sich der User dazu aufgefordert, zu antworten, und die Interaktionsrate steigt. Der Porträtfotograf oder die Porträtfotografin postet beispielsweise ein Backstage-Bild eines aktuellen Shootings. Der Bildtext dazu könnte lauten: »Wann haben Sie das letzte Mal ein Firmenfoto von sich machen lassen?« Oder ein bisschen subtiler: »Was denken Sie, wie oft man ein neues Porträtfoto machen lassen sollte?« Oder wenn es ein bisschen privater sein soll, der Fotograf oder die Fotografin heute besonders müde aussieht und auf seinem Bildbeitrag ein Kaffee am Set zu sehen ist: »Ist Kaffee auch Ihr idealer Arbeitsbegleiter?«

Der Punkt ist: Wer seine Follower*innen etwas fragt, regt zum Antworten an. Die Frage kann zu Beginn des Bildtextes oder am Ende gestellt werden. Wichtig ist, dass sie eindeutig formuliert ist und dass es auch wirklich nur eine Frage ist.

Sprache sollte in Social-Media-Kanälen authentisch, zielgruppenorientiert und nahbar sein.

Wer Ihre Zielgruppe ist und wie diese angesprochen werden möchte, wissen wir schon lange. Auch Ihre Love-Words sind bekannt und strategischer Teil Ihrer Kundenansprache. Erfinden Sie auf Social-Media-Plattformen das Rad nicht neu. Sie haben bereits jede Menge Zeit, Arbeit und Mühe in die Recherche und in die Auswahl Ihrer Unternehmenssprache gesteckt. Social-Media-Kanäle sind der ideale Ort zur Umsetzung derselben. Wenn Sie dieselbe Wortwahl verwenden, die die Wunschkundin und der Wunschkunde auch von Ihrer Website kennt, schafft das ein einheitliches Bild. Es schafft Orientierung und Vertrauen. Und es stärkt Ihre Marke. Ein komplett anderes Wording würde Skepsis stiften und zu Verwirrung führen. Die Kundin, der Kunde würde Ihr Unternehmen vielleicht gar nicht mit Ihrem Social-Media-Account in Verbindung bringen, wenn Sie Ihr Unternehmen an diesem Ort anders darstellen. Es macht also durchaus Sinn, das bereits erarbeitete Wording auf Social-Media-Kanälen fortzuführen.

Sprache kann auch nahbar sein. Inwiefern? Insofern, als wir uns überlegen müssen, wie wir auf Social-Media-Kanälen eine Verbindung zu anderen Usern aufbauen können. »Die einseitige Kundenansprache wird zunehmend ersetzt durch Dialog, Interaktion und den Aufbau langfristiger Beziehungen …«.[9] Nahbar aber auch im Sinne von greifbar. Das können Sie bildlich umsetzen, indem Sie Ihre Follower*innen zum Beispiel zu Ihrer nächsten Fortbildung »mitnehmen«. Das können Sie aber auch sprachlich umsetzen, indem Sie beispielsweise schreiben, wie Ihnen die Fortbildung gefallen hat! Was Sie dabei gelernt haben, welche Konsequenzen Sie daraus ziehen, was mitunter auch Ihre Follower*innen davon haben. Mit Sprache machen wir uns nahbar, indem wir mitteilen, was uns gefällt und was nicht, was unsere Wünsche sind, unter welchen beruflichen Herausforderungen wir vielleicht gerade stehen. Nahbar heißt aber nicht, in eine Ich-Bezogenheit zu verfallen. Das wäre dann eine Art Tagebuch-Stil, in dem für Meinungen Ihrer Follower*innen gar kein Platz ist. Schließlich ginge es dann ja nur um Sie. Eine Möglichkeit, nicht in den eben beschriebenen Tagebuch-Stil abzugleiten, wäre eine Kombination aus einer Frage und etwas Persönlichem. Bleiben wir beim Beispiel Fortbildung. Sie posten einen Beitrag am Ende der Fortbildung. Sie sind müde, aber gleichzeitig unheimlich energiegeladen von all dem Input. Sie freuen sich, Ihr neues Wissen möglichst bald umzusetzen. Der Bildtext im Beitrag könnte also lauten:

»Zeit für Neues sinnvoll genutzt. Fortbildung absolviert. Jetzt geht's an die Umsetzung. Ich freue mich, euch bald mehr davon zu zeigen. Irgendwelche Tipps für eine gute Kneipe in Dortmund?«

Sie werden vermutlich gerade gemerkt haben, dass ich in der Follower-Anrede hier im exemplarischen Bildtext die Du-Anrede gewählt habe. Aus meiner Erfahrung handhaben das tatsächlich die meisten Firmen so. Zumindest auf Plattformen wie Instagram und Facebook. Auf Social-Media-Kanälen präsentieren wir uns nahbar und authentisch. Die Anrede mit »Sie« würde eine Distanz zu den Kund*innen entweder aufrechterhalten oder sie womöglich vergrößern. Das wäre am Ziel vorbeigeschossen. Dennoch ist das Duzen keine allgemeingültige Grundsatzempfehlung. Denn letztlich entscheiden Sie anhand der Schnittmenge Ihres Profils und der Wunschkundin, des Wunschkunden, welche Ansprache am besten passt. Die Entscheidung ist für jeden Fall individuell zu treffen. Steht sie dann, ist sie zwar nicht unwiderruflich, Sie sollten dann aber zwischen dem Duzen und Siezen nicht immer wieder hin- und herwechseln.

Ein letzter Punkt, der unter den sprachlichen Besonderheiten auf Social-Media-Kanälen Erwähnung finden muss, ist die Knappheit der Formulierungen. Das nächste Kapitel beschäftigt sich gesondert mit Abkürzungen. Hier soll auf die Wichtigkeit kurzer und prägnanter Sätze hingewiesen werden. Wer es schafft, direkt auf den Punkt zu kommen, ist absolut im Vorteil. Wenn man selbst hinterfragt, zu welchen Tageszeiten man auf Social-Media-Kanälen am meisten aktiv ist und vor allem auch, in welchen Situationen, dann fallen vermutlich folgende Wörter: im Zug, auf dem Weg zur Arbeit, in der U-Bahn, in der Vorlesung, an der Uni, vor dem Schlafengehen, während der Fernseher läuft, wenn mir langweilig ist, wenn ich eigentlich etwas anderes machen sollte, und, ja – vielleicht auch auf dem WC. Der Punkt ist: Während der Nutzung sind wir oft abgelenkt und mit einem Ohr oder einem Auge anderswo – bei der Professorin, beim Professor, bei der Kollegin, beim Kollegen, im Buch, im Film, auf der Straße. Dass das nicht gesund ist, Stichwort Handy im Schlafzimmer, Stichwort Straßenverkehr, Stichwort Körperhaltung, ist ein anderes Thema. Es soll uns nur klar werden, dass lange Texte und Social Media nicht zusammenpassen.

Social-Media-Beiträge sind kurz und prägnant und beinhalten entweder Neues oder für den User Interessantes.

Abkürzungen

Abkürzungen spielen auf Social-Media-Plattformen eine bedeutende Rolle. Wer mit Hashtags nicht einfach nur unwillkürlich um sich werfen, sondern damit ins Schwarze treffen möchte, der tut gut daran, sich einige der folgenden Abkürzungen einzuprägen.

Unser Alltag ist schnelllebig. Der digitale umso mehr. Wir begegnen ständig Personen, die ihre Hand am Smartphone und ihre Augen auf das Display gerichtet haben. Dabei wollen wir keine Romane lesen oder uns durch elend lange Texte quälen. Die digitale Welt, insbesondere die des Handys, ist nicht nur schnell, sondern auch oberflächlich in der Wahrnehmung. Wer nicht sofort überzeugt, begeistert oder in irgendeiner Form Akzente setzt, die den User berühren, wird weggewischt und überscrollt. Der nächste Beitrag bekommt seine Chance, geliked, geteilt, gespeichert zu werden. Aber auch nur, wenn Bild und Text beeindrucken.

Kurze Texte haben es leichter, kurze Wörter auch. Abkürzungen sind dann das i-Tüpfelchen der Lese-Effizienz. Texte werden kompakter und dadurch eher gelesen. In meiner Jugendzeit, noch im vorigen

Jahrtausend, landete die Band »Die fantastischen Vier« mit dem Song »MfG« einen Volltreffer. Der Liedtext besteht zu einem Großteil aus Abkürzungen und hat damals auf unterhaltsame Weise unsere merkwürdig wie selbstverständlich gewordene Art der Kommunikation aufgezeigt. Das ist heute nicht anders. Im Gegenteil, Kurzwörter und Abkürzungen begegnen uns nahezu überall. Von Automarken über Supermarktketten bis zu wissenschaftlichen Arbeiten. Der Bildtext unter einem Beitrag auf Facebook oder Instagram soll aber keine bloße Aneinanderreihung von Abkürzungen sein. Wichtig ist, sich generell kurzzufassen, auf kurze Sätze zu setzen und – jetzt kommt's – die Bedeutungen der Hashtags zu kennen. Diese sind es nämlich, die oftmals als Fantasiewörter, Kurzwörter oder eben auch als Abkürzungen daherkommen.

Hashtags, also das Rautezeichen mit einem angehängten Begriff, haben ihren Ursprung in Twitter-Meldungen, finden sich jetzt aber auch auf Facebook und ganz besonders auf Instagram. Den mit dem Rautezeichen versehenen Abkürzungen kommt deswegen ein besonderer Stellenwert zu, weil sie auf das Bild sprachlich erklärend wirken. Das heißt, dass sie zusätzliche Informationen liefern, die anderenfalls möglicherweise nicht sofort erkennbar gewesen wären. Gleichzeitig sind Hashtags eine Möglichkeit, nach gewissen Dingen explizit zu suchen. Ein User hat auf Instagram beispielsweise die Möglichkeit, einem Hashtag, ähnlich wie einem anderen Account, zu folgen. Wenn sich jemand für Blumendesign interessiert, kann er dem Hashtag #blumendesign oder #flowerlover folgen und bekommt in seinem Feed dann alle Beiträge angezeigt, die selbst mit dem Hashtag Blumendesign beziehungsweise Flowerlover versehen sind. Das bedeutet umgekehrt, dass jene Beiträge, die man selbst ausspielt, nicht nur den eigenen Followern gezeigt werden, sondern auch jenen Personen, die den Hashtags folgen, mit denen das Bild beschrieben wird. Dabei gibt es beliebte, populäre und gängige Hashtags. Hashtags, die nach gewisser Zeit wieder an Bekanntheit abnehmen und solche, die neu dazukommen. Sich hier auf dem Laufenden zu halten oder immer mal wieder zu recherchieren, welche Hashtags in der jeweiligen Zielgruppe gerade besonders angesagt sind, lohnt sich auf alle Fälle. Aus der Fashion- und Bloggerszene ist beispielsweise der Hashtag #ootd, also »outfit of the day«, nicht mehr wegzudenken und erzielt auf Instagram Reichweiten wie kaum eine andere Abkürzung. Die folgende Auflistung an Abkürzungen und Hashtags kann eine Hilfestellung und gleichzeitig Basis zur Textgestaltung sein. Sie ist aber auch eine Momentaufnahme, weswegen ein Teil der abschließenden Übung in diesem Kapitel darin besteht, die Hashtags Ihrer Branche anzupassen. Diese Liste schlägt Ihnen einige hilfreiche Hashtags für Gründer*innen vor.

#smallbiz
#shopsmall
#girlboss
#femalefounders
#mompreneur
#business
#startuplife
#creativelifehappylife
#startups
#onmydesk
#gründer
#selbstständigkeit
#erfolgreichgründen
#startuplife
#durchstarten
#unternehmer
#unternehmerin
#leadership
#mindset
#thinkpositive
#mondaymotivation
#workingmom
#jungunternehmer
#coworking
#success
#branding
#moneymindset
#design
#investment
#work
#seo
#yesyoucan
#dreambig
#learn
#education
#lifegoals
#contentmarketing
#viral
#emailmarketing
#finance
#growth
#hustle
#team
#onewomanshow
#ambition

Instagram

Instagram ist eine Social-Media-Plattform in erster Linie zum Teilen von Fotos und zum Interagieren. Den Nutzern wird beim Öffnen immer der jeweils aktuellste Post eines Users, dem man folgt, angezeigt. Profile können ihren Gefallen mit Herzchen-Klicken kundtun oder Beiträge kommentieren. Hinter dem Ausspielen der jeweiligen Beiträge steckt ein Algorithmus, also eine Art Rechnung oder ein Schema, das vorgibt, an wie viele Follower*innen beziehungsweise an welche der Post ausgespielt, also angezeigt, wird. So kann es passieren, dass eine bereits hohe Reichweite ganz plötzlich abnimmt, beispielsweise wenn ein Profil lange nichts gepostet hat. Der aktuelle Beitrag wird dann möglicherweise nur einer geringeren Personengruppe oder im Feed erst viel später angezeigt. Am wichtigsten ist dabei das, was in der ersten Stunde nach dem Posten eines Beitrags passiert. Folgen verhältnismäßig viele Likes und Kommentare, wird der Beitrag als interessant eingestuft und auch anderen Usern direkt weiter oben in ihrem Feed angezeigt. Folgen wenige Klicks, wird er weiter unten und irgendwann gar nicht mehr angezeigt.

Dass Instagram also quasi berechnend ist, ist wichtig zu wissen. Denn als Unternehmen möchte man eben eine hohe Reichweite erzielen, was nur gelingen kann, wenn der Algorithmus den Beitrag entsprechend einstuft.

Wenn Sie noch nicht so recht wissen, welche Beiträge Ihre User interessant finden und welche nicht, dann probieren Sie Verschiedenes aus. Anhand der Resonanz werden Sie schnell merken, was gut ankommt und wovon Ihre Follower*innen mehr sehen und lesen möchten. Auch das für Beiträge beste Timing lässt sich über Trial-and-Error am besten herausfinden. Denn ist die Zielgruppe zu der Zeit, in der der Beitrag gepostet wird, wenig online, erhält der Beitrag in der Folge wenig oder zumindest weniger Likes und wird an weniger Follower*innen ausgespielt. Den geeigneten Tageszeitpunkt herauszufinden, ist also durchaus sinnvoll. Wenn Sie beispielsweise ein Nachhilfeinstitut betreiben, können Sie davon ausgehen, dass Ihre Zielgruppe, Schüler*innen also, von Montag bis Freitag vormittags in der Schule sitzt und in dieser Zeit wenig online ist. Der ideale Zeitpunkt wäre, wenn Schüler*innen zu Hause bei den Hausaufgaben sitzen, gerade nicht weiterwissen, möglicherweise ihr Handy nehmen, Instagram öffnen und von Ihrem Nachhilfeinstitut einen Lerntipp bekommen. Die Chance für Likes und Interaktionen ist hoch. Möglicherweise speichern manche Follower*innen Ihren Beitrag auch ab, um künftig leichter darauf zugreifen zu können. All das sind Faktoren, die den Algorithmus beeinflussen und darüber entscheiden, wie Ihr nächster Beitrag ausgespielt wird.

Wir nehmen an, Sie haben sich als Tischler selbstständig gemacht und möchten nun Ihre Möbelstücke von der Skizze bis zur Umsetzung und der Fertigstellung unter anderem auf Instagram präsentieren. Ihre Follower-Zahlen nehmen stetig zu. Sie können nun davon ausgehen, dass die Personen, die Ihnen ohnehin schon folgen, Gefallen an Ihrer Arbeit finden und gerne mehr davon sehen möchten. Entweder weil sie sich einfach inspirieren lassen möchten oder weil sie mit dem Gedanken spielen, selbst ein Möbelstück bei Ihnen zu kaufen. Der Punkt ist, wenn Sie bereits steigende Follower-Zahlen haben, brauchen Sie gar nicht groß zu experimentieren. Ein Unternehmensprofil lebt nicht von Gründer*innen, die sich abends beim Zähneputzen zeigen oder morgens im Auto. Vorsicht, beides könnte nämlich nicht nur Ihre User langweilen, sondern im schlimmsten Fall in einem sogenannten Shitstorm enden. Soziale Plattformen sind, auch wenn das auf den ersten Blick möglicherweise nicht so scheint, sehr sensibel. In Bezug auf ein Bild, in dem Sie in einem Auto sitzen, kann Ihnen allzu schnell grobe Fahrlässigkeit unterstellt werden. Auch dann, wenn Sie im stehenden Fahrzeug sitzen und noch gar nicht fahren. Beweisen Sie das anschließend erst mal. Und die Glaubwürdigkeit müssen Sie sich trotzdem zurückerobern. Wenn Sie sich jetzt fragen, wie Ihnen das Zähneputzen jemand übelnehmen kann: Nun, Sie als Unternehmer*in haben möglicherweise Kontakte zu Zahnpasta-Hersteller*innen, vielleicht stehen Sie in einer Kooperation zu einem Hersteller, einer Herstellerin, Sie müssten Ihren Post dann als Werbung kennzeichnen. Fakt ist, dass Sie jedenfalls Werbung für eine Firma machen, auch, wenn Ihnen das auf den ersten Blick nicht bewusst ist. Für unsereins ist es ja total belanglos, ob Sie nun mit Oral X, Oral Y oder Denti Z putzen. Aber für Ihre Follower*innen ist es das vielleicht nicht. Und Mehrwert bringt es auch nicht. Hier eine Checkliste jener Fragen, die Sie bei jedem Post im Blick haben sollten:

CHECKLISTE SOCIAL MEDIA POSTS

Sind Produkte mit Markenkennzeichnungen in meinem Beitrag zu sehen? Wenn ja, muss der Post zu Beginn des Textes mit dem Wort ***Werbung*** gekennzeichnet sein. Achten Sie hier auf etwaige Änderungen.

Ist der Beitrag für meine Zielgruppe inhaltlich relevant?

Ist der Beitrag wertfrei?

Ist der Beitrag ästhetisch ansprechend?

Passen Bild und Text zusammen?

Ist eine Kontinuität in den geposteten Bildern zu erkennen?

Weckt der Post Emotionen? Ist er inspirierend, macht er nachdenklich, stimmt er fröhlich, motiviert er?

Ist die Bildbeschreibung gelungen und orthografisch einwandfrei?

Habe ich passende Hashtags, also Schlüsselbegriffe, die ich einsetzen kann?

Schaffe ich es mit meinem Bild und Text, Nutzer*innen zu aktivieren?

Wie bereits an voriger Stelle erwähnt, hat das Aktivieren von Nutzer*innen oberste Priorität in Hinblick auf den im Hintergrund laufenden Algorithmus. Wenn Sie als Ein-Personen-Unternehmen für Ihren Instagram-Account zuständig sind, achten Sie neben den bereits erwähnten Aspekten darauf, dass Ihnen das Betreiben auch wirklich Spaß macht. Zum einen, weil sich eine gewisse Motivation in der Sprache, beispielsweise in einer positiveren Wortwahl, spiegelt. Zum anderen, weil Sie mit der Entscheidung, sich als Unternehmen auf einem Social-Media-Account zu präsentieren, nun auch Arbeitszeit investieren müssen. Und da kann es nur von Vorteil sein, wenn Sie an dieser Tätigkeit auch Gefallen finden.

Eine motivierte Herangehensweise spiegelt sich in einer positiven Sprache wider.

Zuletzt noch eine Empfehlung zur Nutzung von Instagram. Es stürzt die Welt nicht ein, wenn man einmal textmüde ist, einem die Ideen fehlen oder man einfach nicht die richtigen Worte für den Bildtext findet. Das ist absolut in Ordnung. Aber es sollte nicht die Regel werden. Wann immer es geht, nutzen Sie die Möglichkeit für ein paar persönliche Zeilen.

Kontinuität ist auf Social-Media-Kanälen wichtig. Das heißt aber nicht, dass man sich keine Pause gönnen darf.

Denn Instagram ist nun einmal ein Netzwerk, das nahbar und persönlich ist, und ich kenne zum heutigen Zeitpunkt keine vergleichbaren Mittel und Wege, sich und sein Unternehmen in so einer Form zu präsentieren. Ich kann verstehen, wenn man zunächst noch etwas zurückhaltend ist. Immerhin könnte manchen Follower*innen nicht gefallen, dass ich eine Katze habe, wenn er oder sie ein Hundemensch ist. Das ist möglich, und das ist in Ordnung. Aber auch das wird eine Ausnahme sein. Denn im Normalfall kommen Haustiere in Posts und Storys gut an. Und wenn sich jemand an Ihrem Tafelspitz stößt oder an Ihren Shorts im Sommer oder daran, dass Sie gerne ein bestimmtes Wort verwenden, das nicht den Geschmack eines bestimmten Followers trifft, dann verbuchen Sie das getrost als Einzelfall. Und Ihre Wunschkundin, Ihr Wunschkunde wäre das am Ende ohnehin nicht. Es gibt einen Unterschied zwischen Polarisieren und Provozieren. Das Problem ist nur, wer kein Gesicht zeigt, kann auch nicht gesehen und schon gar nicht wiedererkannt werden. Genau das sollte aber Ihr Ziel sein!

Tipp: Zeigen Sie Ecken und Kanten. Das hebt Sie von anderen Profilen ab.

Facebook

Facebook unterscheidet sich zwar im Aufbau in einigen Punkten von Instagram; gemeinsam ist den Kanälen aber das Ziel, mit seinen Follower*innen in Austausch zu kommen, Follower*innen zu Aktivität zu bringen. Zwar ist die Interaktionsrate auf Instagram um ein Vielfaches höher als auf Facebook und gerade unter den jungen Usern eine ausgesprochen beliebte App, dennoch sind der Einfluss und die Möglichkeiten, die Facebook bietet, nicht zu unterschätzen, weswegen sich hier ein genauerer Blick lohnt.

Mein erster Tipp für die Nutzung von Social-Media-Kanälen wie Instagram und Facebook lautet:

Tipp #1: Bitte nicht zu viel Werbung in eigener Sache!

Wenn Sie Illustratorin oder Illustrator sind, ist es für Ihre Follower*innen mitunter viel interessanter und inspirierender, Ihnen auch mal bei der Entstehung eines Bildes zuzusehen, als immer nur ein schnelles: Meine Illustration gibt es jetzt als Hintergrundbild zum Download, jetzt kaufen!

Ich würde sagen, eine gute Mischung macht's. Wenn die Werbung zu sehr in den Vordergrund gerückt ist, wirkt das möglicherweise etwas bedürftig. So möchten Sie bestimmt nicht wahrgenommen werden.

Aber ich habe auch noch einen zweiten Tipp parat. Ich bin vor Kurzem auf ein Profil gestoßen, das mich auf den ersten Blick sehr angesprochen hat. Ich fand die Farb- und Bilderauswahl passend und stimmig – doch dann kam der Text. Hier hatte es jemand mit dem Corporate Wording und dem Einsatz von Imperativen eindeutig zu ernst genommen. Und zwar war dem ersten Satz der Bildunterschrift wirklich jedes Mal ein *Kommentiere!* vorangestellt. Kein freundliches: Wenn du Lust hast, lass gerne einen Kommentar da. Im Wort *lass* finden wir auch den Imperativ, allerdings wesentlich netter formuliert. Ich komme mir vor wie ein Hund, der abgerichtet werden soll, und lese weiter. Text, Text, Text, und zum Schluss: Ich bin neugierig + Frage + Schreib mir. Okay, alles klar, die Dressur scheint nicht zu gelingen, es kommentieren kaum Follower*innen. Es ist mir rätselhaft. Ist das die erwünschte Umgangsform? Ich meine, sicher: jedem Unternehmen seine Regeln. Und jeder sucht sich die Form der Ansprache selbst aus. Aber ganz ehrlich: Wer, bitteschön, möchte denn so angesprochen werden? Also:

Tipp #2: Übertreiben Sie's nicht mit den Imperativen!

Zumindest dann nicht, wenn Sie vermeiden möchten, dass sich Ihr*e Wunschkund*in wie ein abgerichteter Hund vorkommt.

LinkedIn

LinkedIn ist eine Social-Media-Plattform, die den Fokus auf den Beruf und die Berufslaufbahn legt. Der Fokus liegt primär auf beruflichen Kontakten, weswegen darauf zu achten ist, dass der virtuelle Lebenslauf stets aktuell ist.

Im Gegensatz zu den vergleichsweise legeren Kanälen Instagram und Facebook achten LinkedIn-User auf Professionalität und Seriosität der Profile.

Wenn Sie sich als Unternehmer*in auf LinkedIn präsentieren, empfehlen sich Fotografenfotos genauso wie das Bewusstsein über Ihre Karriereziele. LinkedIn ist auch deshalb für Gründer*innen interessant, weil über das Karriereportal Stellen ausgeschrieben und gleichzeitig nach Personal gesucht werden kann. Was ich persönlich recht knifflig finde, ist die Tatsache, dass LinkedIn als Karriereplattform eine tolle Möglichkeit bietet, sich mit anderen Unternehmer*innen zu vernetzen; gleichzeitig ist es – wie bei allen Social-Media-Kanälen – wichtig, nahbar zu sein. Während auf Instagram und Facebook Nähe zu Followern und anderen Usern über private Einblicke aufgebaut werden kann, funktioniert LinkedIn tatsächlich ganz anders. Das liegt daran, dass es in erster Linie um das Herstellen von Geschäftskontakten geht, also um B2B-Kontakte (Business-to-Business-Kontakte) und nicht um eine Gründer*innen-Konsument*innen-Beziehung. Insofern ist das Ziel der eigenen Darstellung auch ein anderes.

Übung:
Texten für Social Media

Wie Sie Ihre Social-Media-Texte gestalten, hängt in erster Linie von der Plattform ab, die Sie für Ihr Unternehmen wählen. Pauschal kann Ihnen niemand sagen, ob Sie sich lieber auf Instagram oder LinkedIn, auf Facebook oder Xing präsentieren sollten. Die Antwort finden Sie in Ihren Unternehmenszielen. Grundsätzlich kann aber gesagt werden: Geht es um das Bekanntwerden einer Marke und um mehr

Reichweite, eignen sich Facebook und Instagram insofern besser, als dass wir hier mit Kund*innen interagieren und diese sanft zu Aktivitäten auffordern können.

Mit der folgenden Übung werden Sie ein Gespür dafür bekommen, wie gelungene Social-Media-Texte aussehen können. Das textliche Ergebnis der Übung eignet sich anschließend für Beiträge auf Instagram oder Facebook. Ich habe für diese Übung deswegen die zwei genannten Kanäle ausgewählt, weil hier sprachlich mehr passiert als auf LinkedIn, wo es in erster Linie um das Uploaden seines virtuellen Lebenslaufs und um das Knüpfen von unternehmensrelevanten Bekanntschaften geht.

Die Übung unterteilt sich in zwei Aufgabenbereiche.

Aufgabenbereich 1 widmet sich einem Beitrag, in dem Sie sich Ihren Followern und interessierten Usern vorstellen. Ausgewählte private Einblicke und sympathische Details dürfen hier genauso wenig fehlen wie ein gewinnendes Foto von Ihnen.

Aufgabenbereich 2 widmet sich einem Beitrag, der Mehrwert für Ihre Follower*innen in Hinblick auf Ihr Produkt oder Ihre Dienstleistung bietet. Diesen Mehrwert für Social-Media-Zwecke zu filtern, ist wichtig, weil er die Wahrscheinlichkeit erhöht, dass User auf Ihrem Profil aktiv werden. Gleichzeitig muss natürlich auch erwähnt werden, dass es manche Branchen leichter, andere wesentlich schwieriger haben, einen kundenwirksamen Mehrwert zu bieten. Es liegt auf der Hand, dass eine hohe Interaktion auf gut bespielten Do-it-yourself-Accounts leichter zu erreichen ist als auf dem Profil eines Zahnarztes. Das liegt vordergründig nicht an der Tatsache, dass gewisse Berufsgruppen wie Ärztinnen, Ärzte oder Psychotherapeut*innen speziellen Vorgaben unterworfen sind, was beispielsweise Marketing-Aktivitäten angeht. Sondern das hat den Grund, dass das Thema Zahnarzt in der Regel mit anderen Emotionen besetzt ist als das Thema Do-it-yourself. Einen Beitrag über sich selbst auf eine nahbare, sympathische Art und Weise zu gestalten, wie das in Übung 1 Thema ist, ist in jedem Fall für alle Berufsgruppen und Branchen sinnvoll.

Übung 1: Sich selbst vorstellen

Wenn ein User auf Ihr Profil kommt, wird er vermutlich nach einem Beitrag zu Ihrer Person suchen. Immerhin möchten wir in der Regel gerne wissen, mit wem wir es zu tun haben. Wenn Sie mit einem Social-Media-Account auf Instagram oder Facebook starten möchten, empfehle ich zuallererst einen Beitrag, in dem Sie sich selbst vorstellen. Versuchen Sie, sich in 4 bis 5 Sätzen vorzustellen, und erklären Sie anschließend, was Ihre Marke beziehungsweise Ihr Unternehmen ausmacht. Es ist auch möglich – so wie in der Vorlage unten – kurz zu beschreiben, was Ihre Follower*innen auf Ihrem Account erwartet. Wenn Sie möchten, können Sie sich gerne an die Vorlage halten.

Vorlage für einen Bildtext zu einem Beitrag im Feed:

Herzlich willkommen bei xxx. Ich bin xxx, wie schön, dass du hier bist! Auf meinem Profil erwarten dich moderne Illustrationen zu den Themen flowers und business. Wie du vielleicht schon bemerkt hast, bin ich unheimlich detailverliebt. Ich experimentiere mit Farben so lange, bis das Ergebnis stimmig und ansprechend ist. Vielleicht darf ich auch einmal für dich tätig werden? Viel Spaß auf meinem Account!

Übung 2: Einen Beitrag mit Mehrwert für Follower*innen gestalten

Ähnlich wie in Übung 1 habe ich auch eine Vorlage zum Thema Mehrwert für Follower*innen gestaltet. Sie können sich in Ihrem Text gerne an die folgenden Zeilen halten oder auch selbst in der Textgestaltung kreativ werden. Viel Spaß beim Formulieren!

Vorlage für einen Bildtext zu einem Beitrag im Feed:

Hallo, ihr Lieben! Big news: Ich gehe heute Abend hier auf Instagram live und zeige euch, wie ihr mit Aquarellfarben Wildtiere malen könnt. Wer ist dabei? Legt euch schon mal Pinsel und Papier zurecht, es geht direkt um 19 Uhr los! Ich werde das Video von heute Abend anschließend in den Highlights speichern, damit ihr es euch immer wieder anschauen könnt. Bis später!

Übung

SOCIAL MEDIA POST

HIER IST PLATZ FÜR IHRE UMSETZUNG

Übung

EINEN BEITRAG MIT MEHRWERT FÜR FOLLOWER *INNEN GESTALTEN

HIER IST PLATZ FÜR IHRE UMSETZUNG

Newsletter

Der Newsletter dient zur Vorstellung neuer Produkte und/oder aktueller Angebote. Ziel ist es, die Kund*innen zum Kaufen zu animieren. Es ist daher wichtig, dass der Newsletter mit einem CTA (Call to Action)-Button schließt, wofür der Imperativ zum Einsatz kommt. Um die optimale Formulierung zu finden, muss im Vorfeld das Ziel des Newsletters klar sein.

Gibt es ein neues Produkt im Shop und soll es den Kund*innen auf der Website genauer vorgestellt werden? Dann könnte der CTA in etwa so lauten:

Infos über xxx sind nur einen Klick entfernt.

Werden gerade bestimmte Produkte oder Produktkategorien/saisonale Artikel etc. abverkauft, könnte der CTA in etwa so lauten:

Zum Sale / Klicke hier für alle Sonderangebote

Wird ein kostenloses Webinar angeboten, könnte der CTA kurz und bündig so aussehen:

HIER ANMELDEN!

Betreiben Sie einen Food-Blog mit dem Ziel, Ihre Kund*innen auf Ihre Website zu bekommen, dann könnte der CTA wie folgt aussehen:

Hier geht's zum Rezept.

Man sieht: Es ist wirklich simpel. Wobei in dieser Einfachheit ja vermutlich auch die Schwierigkeit steckt. Denn was auf den ersten Blick so easy-peasy aussieht, ist ja in Wahrheit Strategie, umgesetzt von einem professionellen Marketing-Team. Dennoch lautet mein Tipp, wie bereits eingangs in diesem Kapitel erwähnt: Lernen Sie von den Guten. Wenn

Sie die Übung soeben gemacht haben, dann haben Sie mittlerweile ein gutes Gespür dafür bekommen, wie man mit Mailings Erfolg hat.

Gelingt die Kombination von Text, Timing, Fotografie, Betreff und CTA, sind Sie im Rennen!

Ausscheiden werden hingegen jene, die nicht wissen, wie oft sie einen Newsletter verschicken sollen, und ihre Kund*innen durch Penetranz nerven. Dabei gibt es eine einfache Regel: Schicken Sie Mailings, sooft es NEWS gibt! Also echte News. Dazu aber abschließend noch eine kleine Feinheit in der Definition: Der Begriff Newsletter meint im Normalfall regelmäßig eintreffende digitale Post, die die Kundin, den Kunden über Neuigkeiten informiert (daher News). Mit einem Newsletter möchte die Absenderin, der Absender den Traffic auf der Website steigern. Der Verkauf steht nicht unbedingt an erster Stelle. Bei Mailings hingegen steht der Verkauf an erster Stelle. Die zeitliche Abfolge ist unregelmäßig.

Nehmen wir an, Sie sind Gartengestalterin. Dann könnten Sie Ihren Kund*innen beispielsweise monatlich einen Newsletter schicken, in dem Sie erklären, welche Pflanzen gerade besonders viel Pflege brauchen, welche nun eingewintert werden müssen, mit welchen Pflanzen man am besten Dächer begrünt, wie man einen schattigen Balkon im Sommer anlegt etc. Mit dem Newsletter unterstreichen Sie nochmals Ihren Experten-Status. Wenn die Kundin, der Kunde dann so weit ist und seinen Balkon bepflanzen will, wird er sich im besten Fall an den Newsletter erinnern und Sie kontaktieren. Ein Mailing würde dann verschickt, wenn Ihnen im Herbst noch Oleander übrig geblieben sind. Sie können nicht alle im Unternehmen überwintern, außerdem bekommen Sie nächstes Jahr neue, sie kommen in den Sale. Dafür eignet sich ein Mailing. Es geht um die Absatzsteigerung. Es gilt für jegliche Form von Newsletter:

Schicken Sie nur dann einen Newsletter aus,

1. **wenn er der Kundin und dem Kunden Mehrwert bringt,**
2. **wenn Sie sicher sind, dass der Inhalt den Kunden, die Kundin brennend interessiert,**
3. **und wenn Sie ihn selbst ausgesprochen gerne lesen würden!**

Ach ja: Manche verkünden Rabattaktionen oder andere Mittel zur Absatzsteigerung mitunter per SMS, weil sie wissen: SMS werden in der Regel zumindest gelesen, bevor sie gelöscht werden.

Struktur

Ich gehe davon aus, dass Sie selbst zumindest ein Newsletter-Abo haben. Öffnen Sie einmal einen der letzten Newsletter, die bei Ihnen eingetrudelt sind, und vergleichen Sie ihn mit der von mir empfohlenen Struktur. Sollten Sie schon so weit sein und selbst gerade an einem ersten Newsletter arbeiten, kann Ihnen die folgende Struktur-Empfehlung viel Zeit sparen:

Platzieren Sie im Header (ganz oben) am besten Ihr Firmenlogo.

Der Content-Bereich ist der Textkörper und nimmt Bezug auf die Betreffzeile. In einem kurzen Text wird nun ausformuliert, worauf im Betreff schon Bezug genommen wurde. Sollte der Text etwas länger ausfallen, vergessen Sie nicht, Zwischenüberschriften einzufügen! Nicht selten schließt der Textkörper mit einem Link zur Website.

Im Anschluss an das Hauptthema können aktuelle Angebote oder eine Vorschau auf das nächste Thema folgen.

Bevor es zum Impressum geht, können Sie sämtliche Social-Media-Kanäle anführen, auf denen Sie vertreten sind.

An der vorletzten Stelle des Newsletters folgt in der Regel das Impressum, also Firmenname, Rechtsform, Inhaber*in/Herausgeber*in, Anschrift.

Sie müssen (!) Ihren Abonnentinnen und Abonnenten die Möglichkeit geben, sich vom Newsletter abzumelden. Platzieren Sie zum Schluss die Floskel *Vom Newsletter abmelden.* Sie können diese Option natürlich auch in einen Satz verpacken: *Du möchtest den Newsletter nicht mehr erhalten? Hier abmelden.* Oder: *Wenn Sie den Newsletter abbestellen möchten, klicken Sie bitte hier.*

Es gibt übrigens – teilweise sogar kostenlose – Newsletter-Anbieter, die bereits über verschiedenste Templates verfügen, die Sie nutzen können und mit denen Sie auch rechtlich auf der sicheren Seite sind.

Bitte vergessen Sie nicht, ausgewählte, aussagekräftige Bilder einzufügen!

CTA

Handlungsaufforderungen alias Call to Action (kurz CTA) sind im Marketing und insbesondere im Online-Marketing ein wesentlicher Baustein und sollen/können daher auch in Ihrem Unternehmen einen fixen Platz bekommen. Und zwar auf Ihrer Website. Und in Mailings – wie Sie ja bereits wissen.

Den Einsatz beziehungsweise die Anordnung von CTA im Newsletter haben wir vorhin bereits besprochen. Jetzt ist der Webauftritt dran. Und bevor wir hier den perfekten CTA-Platz ausmachen, starten wir, wie könnte es anders sein, mit einer Übung. Denn die Verwendung eines CTA-Buttons ist ja nicht beliebig, sondern folgt einem System. Und um dieses zu identifizieren, ist es wichtig, sich zuallererst bewusst zu machen, was der Webauftritt von meiner Kundschaft überhaupt will. Im besten Fall ist das Ziel der Website schon vor dem Texten derselben klar. Sollten Sie sich aber noch nie so richtig Gedanken darüber gemacht haben, so tun wir das jetzt und definieren gemeinsam Ihre Ziele.

Übung: Ziele meiner Website
Was trifft am ehesten auf Ihr Unternehmen zu:
Wenn eine potenzielle Kundin, ein potenzieller Kunde das erste Mal auf meine Website klickt, soll sie oder er:

a) direkt zu meinem Shop kommen,
b) mir seine Wünsche mailen,
c) ein Zimmer buchen,
d) einen Termin vereinbaren,
e) meinen Newsletter abonnieren,
f) sich ein Angebot einholen,
g) meinen Blog lesen und bestenfalls teilen/kommentieren.

Wenn Sie nun die Handlung, die Ihnen am wichtigsten ist, für sich definiert haben, ist das Formulieren des CTA ein Leichtes:

zu a: SHOP / zum SHOP / Klicke hier für alle Produkte / Hier geht's zum Shop

zu b: Wie kann ich dir helfen? Maile mir / Maile mir für Sonderanfertigungen / Für ein individuell zusammengestelltes Paket maile mir

zu c: Hier Buchungszeitraum auswählen / Hier Buchungsrabatt einlösen / Dein nächster Urlaub ist nur einen Klick entfernt / In drei Schritten zu deiner Traumreise / Hier geht's zur Zimmerreservierung

zu d: Kontaktiere mich für einen unverbindlichen Beratungstermin / Reserviere dir deinen Termin gleich online

zu e: Newsletter abonnieren

zu f: Klicke hier für dein unverbindliches Angebot

zu g: Kommentiere meinen Blog / Schreibe einen Kommentar / Hinterlasse mir einen Kommentar

Nun zeige ich Ihnen beispielhaft zwei durchdachte und kreative Wordings im CTA-Button:

»Erfahren Sie mehr«, gesehen bei Campaigning Bureau am 3.11.2020 unter www.campaigning-bureau.com

»Shop Postcards« und »Shop holiday«, gesehen bei Moo am 2.11.2020 unter www.moo.com/us

Die Post ist da

Manchmal wünsche ich mir die Zeit vor der Einführung des Internets zurück. Eine Zeit, in der ich nicht jeden Tag unzählige Spam-Mails und uninteressante Newsletter löschen musste. Eine Zeit, in der stattdessen einmal pro Woche Post ins Haus flatterte, so richtig aus Papier, die ich mit Freude öffnete und mit Interesse las. Wenn es Ihnen auch so geht, dann vermute ich, dass Sie entweder die falschen Newsletter abonniert haben, zu viele Newsletter oder aber, dass die Qualität der ausgeschickten Mailings nicht passt. Andernfalls würden sie Sie ja ansprechen. Fakt ist: Wenn Sie sich dafür entscheiden, für Ihr Unternehmen E-Mail-Marketing zu betreiben – und das sollten Sie auf jeden Fall! –, dann stellen Sie im Vorfeld sicher, dass Ihre Mailings für Ihre Kund*innen interessant sind, die zeitliche Abfolge stimmig ist und die Qualität hoch. Und man muss das Rad nicht neu erfinden, um eine erfolgreiche Gründerin, ein erfolgreicher Gründer sein zu können, die oder der es versteht, Newsletter zu verschicken, die mehr können, als einfach nur »ankommen«. Und das gilt auch für das Schreiben von Mailings beziehungsweise von Newslettern. E-Mail-Marketing ist ein ausgesprochen spannender Bereich mit dem Ziel der Kundenbindung. Etablierte Firmen machen uns bereits jeden Tag vor, wie es richtig geht. Und auch von jenen, die es in unseren Augen falsch machen – oder sagen wir, die uns einfach nicht ansprechen –, können wir lernen! Negativbeispiele habe ich ja bereits angeführt: das Apostroph-s beispielsweise, aber auch mein eigener Fail mit »Schreibamt Baden«. Um auf den Punkt zu kommen:

Lernen Sie von den Guten. Was Ihnen gefällt, ist oftmals das, was auch Ihre Kund*innen mögen.

Geht's Ihnen auch so? Sie bekommen täglich eine Flut an Newslettern, die nicht mal geöffnet werden, sondern direkt im digitalen Mülleimer landen? Haben Sie auch keine Lust darauf, so viel Zeit mit dem Lesen von Inhalten zu verschwenden, die Sie nicht im Geringsten interessieren? Warum sollte es Ihren Kund*innen mit Ihrem Newsletter anders gehen? Bei dieser Frage müssen wir ansetzen! Ich glaube, wir sind uns einig, wenn wir festhalten:

In der Flut der digitalen Medien wird zu viel Unwichtiges verschickt. Viele sind medial gesättigt; Ihre Kund*innen genauso wie Sie.
Stellen Sie also sicher, dass Sie ein gern gesehener Gast im Posteingang Ihrer Kund*innen sind.

Denn seit im Grunde keine Firma mehr ohne E-Mail-Marketing auskommt, ist die Überschwemmung davon nur die logische Konsequenz. Besonders populär sind Aktionen oder Gutschein-Codes, die mit dem Abonnieren von Newslettern einhergehen, was im Endeffekt nur dazu führt, dass noch mehr Unwichtiges im Posteingang landet.

Apropos Post – wenn Sie möchten, folgen Sie mir auf eine Gedankenreise: Je nach Zielgruppe und Firmenimage wäre zu überlegen, Mailings und Newsletters beziehungsweise konkret: sämtliche digitale Post durch Briefe zu ersetzen. Nachteile sind in jedem Fall die dadurch entstehenden Druck- und Portokosten. Wohnortwechsel führen zum Verlust der Daten, mitunter wird in der Folge eine Person angeschrieben, die niemals Ihre Kundin oder Ihr Kunde war und sich für Ihr Unternehmen auch gar nicht interessiert. Der große Vorteil liegt aber darin, etwas anders zu machen, sich von der Masse abzuheben. Wenn ich an meinen eigenen

Postkasten und an jene Werbekarten von Firmen denke, dann muss ich ehrlich sagen, dass eine modern und kreativ gestaltete Karte über Neuigkeiten, Angebote etc. eine willkommene Abwechslung wäre! Ich würde mir die Karte auf jeden Fall länger aufheben als einen Newsletter, der mich möglicherweise gar nicht interessiert. Insgesamt würde ich auch das Unternehmen beziehungsweise das Image des Unternehmens besser einstufen, das mir quasi »richtige« Post schickt. Und Sie? Welchen Stellenwert möchten Sie Printwerbung in Form von klassischen Druckformaten wie Werbefoldern, Werbekarten und Beilagen geben? Und wie, meinen Sie, käme Print-Marketing bei Ihren Wunschkund*innen an? Vielleicht möchten Sie an dieser Stelle auf eine ähnliche Gedankenreise gehen. Notieren Sie unbedingt die Ergebnisse!

Ich will Sie keinesfalls dazu verleiten, keine Mailings mehr zu verschicken. Sie sind kostengünstig und deren Erfolge sind messbar. Expert*innen stufen das Verschicken von Newslettern immer noch als einen der wichtigsten Kanäle im Online-Marketing ein. Es soll nur klar werden, dass es tatsächlich sehr, sehr schwierig ist, Ihre Kund*innen zu erreichen und sie überhaupt erst zum Öffnen der digitalen Post zu bringen. Eine gute Strategie ist hierfür genauso Voraussetzung wie das Einhalten des Datenschutzes und ein origineller Betreff. Wie könnte der aussehen?

Newsletter-Analyse

Die folgende Übung soll dabei helfen, ein Gefühl für richtig catchy Betreffzeilen zu bekommen.

Löschen Sie die Newslettern und Mailings, die in den nächsten sieben Tagen bei Ihnen eintreffen, ausnahmsweise nicht. Sie sind ab sofort Ihr Unternehmenspartner und helfen Ihnen bei der Analyse von guten Betreffzeilen. Warten Sie eine Woche. Sind die sieben Tage nun um, öffnen Sie Ihren Posteingang und analysieren Sie, wie viele Mailings von wem und mit welchen Betreffzeilen Sie bekommen haben. Die Analyse kann jetzt beginnen. Beantworten Sie dazu folgende Fragen:

Übung

NEWSLETTER-ANALYSE

Welcher zeitliche Newsletter-Abstand fühlt sich für mich am besten an? Täglich? Wöchentlich? Monatlich?

Diese drei Betreffzeilen gefallen mir am besten:

Schreiben Sie die Begründung für Ihre Wahl auf:

Diese drei Betreffzeilen sprechen mich am wenigsten an:

Schreiben Sie die Begründung für Ihre Wahl auf:

Smileys in Betreffzeilen finde ich:

Werden Sie im Newsletter direkt und persönlich angesprochen?

Hat Sie die Mehrheit der Newsletter/Mailings inhaltlich interessiert?

Wie wichtig ist für Sie das Design von Newslettern/Mailings?

WEBTEXTE

Unser gemeinsamer Workshop dauert ja inzwischen schon eine ganze Weile. Und Sie sind noch dabei! Ihr Durchhaltevermögen hat sich gelohnt, denn jetzt geht's ans Eingemachte. Aus meiner Zeit des Gründens weiß ich noch genau, dass das Gestalten und Formulieren von Webtexten eine sensible Sache ist. Sie ist das Herzstück in dieser besonderen Zeit. Deshalb reagieren wir auch so sensibel auf Feedback in Bezug auf unseren Webauftritt. Immerhin haben wir all unser Können und immens viel Zeit in das Gestalten der Website gesteckt. Die Erwartung ist verständlicherweise, dass jene Auserwählte – oft sind das Verwandte und Freund*innen aus dem engsten Umfeld – vor Begeisterung überschäumen. Klar, so viele Gedanken und Ideen wurden wochen- und monatelang eingebracht und wieder verworfen, um schließlich zu einem Ergebnis zu kommen. Bleiben große Jubelstürme aus, ist es nachvollziehbar, wenn man die vermeintliche Kritik persönlich nimmt. Ein großer Fehler. Denn zum einen ist Kritik nicht immer berechtigt und zum anderen oft nicht einmal angebracht. Wo liegt der Hund begraben? Vielleicht haben wir einfach nur die falschen Leute um deren Meinung gefragt. Wir gehen davon aus, von engen Freund*innen und Verwandten eine ehrliche Beurteilung unserer Arbeit zu bekommen, vergessen dabei aber, dass sie Laien sind und auf dem Terrain, auf dem wir uns bewegen, keine Expertise haben! Kurz: Was wir von unserem vertrauten Umfeld erwarten können, ist ein Urteil auf Grundlage des subjektiven Geschmacks. Es sagt aber tatsächlich wenig darüber aus, wie »gut« Ihr Webauftritt gelungen ist. Anders verhält es sich natürlich, wenn in Ihrer Familie erfolgreiche Selbstständige sind. Wenn deren Kritik Ihnen stimmig und schlüssig scheint, dann halten

Sie sich an die Empfehlungen. Ansonsten lautet mein Credo: Sie haben möglicherweise Hunderte Stunden mit dem Texten Ihrer Website zugebracht. Sie haben recherchiert, sich eingelesen, an Ihren Texten getüftelt. Wer wird es letztlich besser wissen? Sie oder Person xy, die im Krankenhaus, in der Schule, am Bau, … arbeitet? Dass diese Personen allesamt selbst Profis sind, steht außer Frage. Aber sie sind Profis in *deren* Fachgebiet, nicht in Ihrem.

Wer Laien um Rat fragt, wird keine Expertenmeinung erhalten.

Der Grund, warum wir lieber uns nahestehende Personen um Rat fragen, liegt einfach an der Vertrautheit der Beziehung. Wir öffnen uns leichter und fühlen uns sicherer. Mein Tipp lautet dennoch: Wenn Sie drauf und dran sind, Ihren Webauftritt zu gestalten – von der Auswahl der richtigen Bilder bis hin zum Gestalten Ihrer Webtexte – dann holen Sie erstes Feedback bei einem Profi ein. Denn nur dieses Feedback kann für Sie wertvoll sein. Und auch nur dieses Feedback sollten Sie annehmen. Und abschließend: Ja, unseren Webauftritt empfinden wir manchmal wie ein Baby, etwas, das wir erschaffen haben, worauf wir unheimlich stolz sind. Zu Herzen nehmen sollten Sie sich Kritik aber dennoch nicht.

Kritik ist immer sach- und niemals personenbezogen.

Nehmen Sie sich Kritik nicht zu Herzen. Sie kann allerhöchstens Ansporn sein, um noch besser zu werden.

Möglicherweise haben Sie sich in der Zwischenzeit einen Firmennamen überlegt, haben diverse Ämter und Kammern besucht, um Rechtliches abzuklären. Vielleicht haben Sie Ihre Marke bereits schützen lassen, vielleicht haben Sie sogar schon erste Kund*innen, vielleicht sitzen Sie schon eine Zeitlang an Ihren Webtexten und gieren auf deren Veröffentlichung. Ich gehe davon aus, dass Sie einen Slogan haben, um den Ihr Firmenwortlaut erweitert wird, und hey, das ist schon eine ganze Menge!

Auf dieses Kapitel »Webtexte« freue ich mich dennoch ganz besonders. Denn Webtexte haben für mich irgendwie etwas Magisches. Sie sind quasi das Sahnehäubchen Ihrer Businesstexte und so sollten Sie sie auch behandeln.

In diesem Kapitel werden wir uns zunächst die empfohlene Struktur für Webtexte ansehen. Denn wenn Sie einen guten Text haben, müssen Sie auch wissen, wohin damit. Der Aufbau einer Website ist, wenn wir uns moderne Webauftritte im Vergleich anschauen, nicht beliebig, sondern folgt einem System. Wir werden außerdem auf die Frage eingehen, warum es so wichtig ist, eine Website regelmäßig upzudaten, Sie sie aber auf der anderen Seite nicht ständig komplett umstrukturieren dürfen. Ich zeige Ihnen, wie eine gute Balance von »Gib deinen Kund*innen neue Inputs« und gleichzeitiger Wahrung des Corporate Designs beziehungsweise Corporate Wordings möglich ist. Denn starre und veraltete Websites verschwinden langsam, aber sicher im Nirvana der Suchmaschinen.

Struktur

Gestalten Sie Ihre Website von außen nach innen. Überlegen Sie zuerst, wie viele Reiter, also Web-*Seiten*, maximal notwendig sind, um alle für Ihre Wunschkund*innen relevanten Inhalte unterzubekommen. Reiter können Webseiten sein wie »Über mich«, »Kundenstimmen« etc. Dabei gilt: So wenig wie möglich, so viel wie nötig. Bedenken Sie: Potenzielle Kund*innen kennen sich auf Ihrer Website ja noch nicht aus. Jeder zusätzliche Reiter könnte zu Verwirrung und zum Abbruch führen. Mein Tipp lautet, sparsam zu sein und sich nicht nur inhaltlich, sondern auch schon in der Struktur immer auf das Wesentliche zu konzentrieren. Eine wichtige Überlegung zu Beginn stellt auch die Frage dar, wie Ihre Wunschkundschaft am einfachsten durch Ihre Website navigiert.

Achten Sie auf eine einfache Navigationsstruktur Ihrer Website.

Wenn die Website mit Bildern oder zu viel Text überladen wirkt, kann das schnell zum Besuchsabbruch führen. Das A und O der Nutzerfreundlichkeit ist die Einfachheit der Navigation. Die Wunschkundin und der Wunschkunde muss sich direkt auskennen und mit wenigen Klicks zu den gesuchten Infos gelangen können. Es gibt Firmen, die sich ausschließlich mit Fragen der Nutzerfreundlichkeit beschäftigen. Ich glaube nicht, dass es für den Unternehmensstart von großer Relevanz ist, ob Sie beispielsweise eine vertikale oder eine horizontale Navigation anbieten. Der Punkt ist viel eher, tatsächlich stets darauf zu achten, dass der Weg zu den Informationen simpel gestaltet ist, damit Ihre Wunschkundschaft schnell das findet, was sie sucht.

Ihre Wunschkundschaft muss auf der Homepage einen guten Überblick über Ihr Angebot erhalten.

Wenn Sie sich für ein geeignetes Layout entschieden haben, das zu Ihrer Firma passt, können Sie nun damit beginnen, Ihre Webtexte zu gestalten. Stellen Sie sich am besten folgende Fragen, bevor Sie loslegen:

1. Was ist mein Produkt/meine Dienstleistung?
2. Welches Kundenproblem kann ich damit lösen?
3. Was ist meine Message?
4. Was hebt mich von meiner unmittelbaren Konkurrenz ab?
5. Möchte ich meine Kund*innen per Sie ansprechen oder per du?
6. Wer ist meine Zielgruppe?
7. Wo befindet sich meine Zielgruppe?

Wenn Sie all diese Fragen für sich beantwortet und definiert haben, werden Sie sich mit dem Formulieren der Texte viel leichter tun. Warum? Ganz einfach, weil Sie sich selbst schon die wesentlichen Fragen beantwortet haben.

Grundsatz: Fassen Sie sich kurz!

Dies gilt für Webtexte, aber auch generell für Satzlängen und Absätze. Vermeiden Sie Schachtelsätze und Sätze, die über mehr als zwei Zeilen gehen. Wir lieben es, schnell auf den Punkt zu kommen. Versuchen Sie, Ihrer Besucherin und Ihrem Besucher hier entgegenzukommen und »ärgern« Sie Ihre Kundschaft nicht mit Sätzen, die sie zweimal lesen muss, um sie zu verstehen. Ihre potenzielle Kundin, Ihr potenzieller Kunde wird das nämlich nicht tun. Viel wahrscheinlicher ist es, dass sie oder er die Seite schließt und sich woanders umsieht.

Erfolgsfaktor Überschrift

Passende Überschriften für Ihre Webtexte zu finden, ist eine Aufgabe, die tatsächlich nur auf den ersten Blick einfach aussieht – wenn überhaupt. Wenn Sie in Suchmaschinen nach Überschriften für Webauftritte suchen, erscheinen folgende Ergebnisse: Überschriften sollen kurz und knackig sein. Klar. Die Kürze der Sprache bei gleichzeitiger Kürze der Aufmerksamkeit war in diesem Buch bereits mehrmals Thema. In einem zweiten Punkt sollen Überschriften SEO-tauglich sein. Und spätestens jetzt wird es knifflig. Kurz zur Begriffserklärung: SEO (Search Engine Optimization), zu Deutsch Suchmaschinenoptimierung, ist ein Begriff, der mittlerweile den meisten bekannt ist. Die wenigsten von uns haben aber tatsächlich eine Ahnung davon, wie Inhalte einer Website zu gestalten sind, um die Sichtbarkeit zu erhöhen und um Rankings in Suchmaschinen zu verbessern. Da Suchmaschinenoptimierung ein derart großes und komplexes Thema ist – im Marketing gibt es sogar die Sparte Suchmaschinenmarketing –, soll hier nur am Rande darauf verwiesen werden. Wenn Sie in diesem Bereich in die Tiefe gehen möchten, ist es bestimmt kein Fehler, eine SEO-Expertin, einen SEO-Experten zurate zu ziehen. Allgemein kann aber gesagt werden, dass Faktoren wie die Ladegeschwindigkeit der Website, geringe Klickwege, aber auch die Frage, ob die Website für mobile Endgeräte optimiert ist, Keywords und eben auch Überschriften eine Rolle in der Suchmaschinenoptimierung spielen. Was mir aber im Hinblick auf Webtexte wichtig scheint, ist die Tatsache, dass Suchmaschinen einen gewissen Schreibstil mögen. Und einen anderen mit schlechten Rankings abstrafen. Im Grunde geht es darum, es Leser*innen und Google einfach zu machen. Was Suchmaschinen weiter schätzen, ist frischer Content. Also neue Inhalte. Wie wär's, wenn Sie einen Blog in Ihren Webauftritt integrieren und auf diese Weise Ihren Besucher*innen regelmäßig neue Inhalte zur Verfügung stellen?

Wählen Sie klare und eindeutige Überschriften. Wenn Sie Lust haben, können wir gemeinsam noch etwas in die Tiefe gehen und diverse Überschriften einzelnen Kategorien zuordnen. Das ist einerseits sinnvoll, weil Sie beim Texten gerne aus den verschiedenen Kategorien wählen und untereinander jonglieren können. Das ist andererseits gut, weil Sie sich hier gerne etwas für Ihre eigenen Überschriften abschauen können. Vielleicht ist ja die eine oder andere passende Überschrift bereits für Sie dabei!

Überschriften in Form von Fragen

Zunächst einmal gibt es Überschriften in Form von Fragen:

Bereit für ein neues Leben?

Wer mit Fragen arbeitet, erwartet sich, dass die Wunschkundin und der Wunschkunde im Stillen darauf antwortet, dass ihr Interesse geweckt wird und sie zum Weiterlesen animiert werden. Außerdem – wie jetzt – neues Leben? Wie soll das gehen? Mitunter wirft die Frage sogar noch eine weitere Frage bei der Wunschkundschaft auf, die sie für sich beantwortet haben möchte. Sie ist neugierig und liest weiter.

How-to-Überschriften

How-to-Überschriften, wie auch für dieses Buch eine gewählt wurde, versprechen praxisnahe Erläuterungen und vermitteln die Botschaft: Ich kenne dein Problem, ich kann dir helfen. Wenn Sie eine How-to-Überschrift wählen, achten Sie darauf, dass ein gewisser Sachverhalt am Ende auch tatsächlich gelöst wird. Oder dass wenigstens versprochen wird, dass das Problem beispielsweise am Ende eines Workshops, eines Kurses, eines Seminars gelöst sein wird. In diesem Fall führt die How-to-Überschrift direkt in eine Verkaufsbotschaft. Absatzsteigerung ist das Ziel. How-to-Überschriften sind sehr gängig. Sie sind nur selten in englischer Sprache formuliert, weswegen sie uns nicht immer sofort als solche ins Auge stechen. Hier einige Beispiele:

Wie Sie mit der passenden Überschrift Interesse wecken.
Wie Sie Ihre Wunschkundin, Ihren Wunschkunden von sich überzeugen.
Wie Sie Ihren Expertenstatus herausstellen.
Wie Sie weniger Zeit in Ihrer Küche verbringen.

Überschriften im Imperativ

Neben Fragen und How-to-Überschriften gibt es auch jene, die quasi im Befehlston daherkommen. Sie wissen bereits, dass die Befehlsform in der deutschen Sprache mit dem Imperativ gebildet wird. Hier wird der Wunschkundin und dem Wunschkunden klipp und klar gesagt, was zu tun ist:

Schenken Sie Freude!
Starten Sie jetzt Ihr Fitnessprogramm!
Kommen Sie in den exklusiven Club!
Entdecke deine innere Stärke!
Buche deinen Traumurlaub!

Diese drei Überschriften-Kategorien sind eine gute Basis und ein Pool, aus dem Sie sich Ihre eigenen Überschriften zusammenstellen können. Versuchen Sie nun einmal, eigene Überschriften zu formulieren.

Die Seite »über mich«

Anziehend, fesselnd, unwiderstehlich. Der Seite »über mich« kommt im Zuge der Websiteplanung ein besonderer Stellenwert zu; nicht zuletzt deshalb, weil sie eine der am meisten angeklickten Seiten überhaupt ist. Und wie immer gilt: Die ersten Sätze entscheiden über das Verbleiben der potenziellen Kundin und des potenziellen Kunden auf Ihrer Seite. Achten Sie darauf, dass der Einstieg fesselnd ist. Nichtssagendes Blabla führt zum schnellen Schließen der Seite und die traurige Wahrheit ist: Es gibt keine zweite Chance für den ersten Eindruck.

Ist die potenzielle Kundin, der potenzielle Kunde schon einmal auf Ihrer »Über mich«-Seite angelangt, ist sie oder er ja schon recht weit gekommen. Achten Sie darauf, dass Interessent*innen auch solche bleiben. Welche Gestaltungselemente auf der Seite »Über mich« zum Verweilen einladen, erfahren Sie jetzt.

Kund*innen interessieren sich für die Inhaberin, den Inhaber einer Firma. Und das umso mehr, je eher sie mit ihm/ihr selbst zu tun haben. Gerade Einzelunternehmen beziehungsweise Ein-Personen-Unternehmen, die bei der Ausübung ihrer Tätigkeit in direktem Kontakt mit der Kundschaft stehen, profitieren von einer aussagekräftigen, sympathischen Darstellung auf Ihrer »Über mich«-Seite. Das gilt für jeden Bereich, ob Physiotherapeut*innen, Trainer*innen, Coaches, Blogger*innen, Ernährungsberater*innen, Finanzberater*innen, Tierärzt*innen, Kinderbetreuer*innen oder Gärtner*innen. Sie alle sollten unbedingt sicherstellen, dass jene Informationen, die die Kundin und der Kunde der »Über mich«-Seite entnehmen kann, aktuell, vertrauenswürdig und natürlich seriös und wahr sind. Die richtigen Worte über sich selbst zu finden, ist dabei nicht einfach. Grundsätzlich rate ich in diesem Zusammenhang dazu, einfach mal Freund*innen, Bekannte und Familienangehörige – in jedem Fall Personen, die Sie und Ihr Business kennen – einzuladen, Sie in wenigen Sätzen zu beschreiben. Es ist erlaubt, ein bisschen privat (nicht intim!) zu werden. Dabei eignen sich besonders Einblicke in jene Teile des Privatlebens, bei denen es eine Überschneidung zum Beruf gibt.

Ein Beispiel: Sie sind Physiotherapeutin und schreiben gerade an Ihrer Seite »Über mich«. Sie sind sehr humorvoll, aber auch sportlich und musikalisch. Was führen Sie eher an? Dass Sie gerne unter der Dusche Arien trällern und dass Sie leidenschaftliche Handballspielerin waren? Wenn Sie möglicherweise noch Mitglied in einem Turn- oder Sportverein sind, dann eignet sich genau jener private Punkt dafür, um auf Ihrer »Über mich«-Seite angeführt zu werden. Kund*innen möchten sich mit der Inhaberin, dem Inhaber identifizieren können; möglicherweise ist Ihre Kundin oder Ihr Kunde Profi-Sportler*in und sucht

Ihre Praxis aufgrund einer Muskelverletzung auf. Wenn die Kundschaft vorab bereits weiß, dass Sie in Ihrer Jugend auch Profisportlerin waren, ergibt sich eine Überschneidung, hier passt es einfach. Die Wunschkundschaft kann sich mit Ihnen identifizieren und es ist sehr wahrscheinlich, dass sie Sie direkt kontaktiert und sich nicht noch bei der Konkurrenz umsieht.

Privat ist aber nicht gleich privat. Soll heißen: Schreiben Sie Ihre »Über mich«-Seite nicht als ausformulierten Lebenslauf. Ein paar Stichworte zu Ihrer Ausbildung und Kompetenz sind in jedem Fall gut, weil Sie Ihren Expertenstatus unterstreichen. Sie dienen aber nur dazu, dass sich Ihre Wunschkund*innen gewissermaßen emotional absichern können: Ach ja, meine Physiotherapeutin hat in München studiert, wunderbar. Das ist eine Information, die der Kundin, dem Kunden höchstens Sicherheit verschafft, sie wird Ihre Kundschaft aber weder überraschen (das ist ja ohnehin Voraussetzung zur Ausübung des Berufs), noch – und das ist der Punkt – wird diese Information in Ihrer Kundschaft Emotionen auslösen. Genau das soll die »Über mich«-Seite aber, so wie auch die Homepage Ihres Webauftritts, tun!
Wecken Sie Emotionen – vor allem auf Ihrer Seite »Über mich«!

Wie das geht? Hier ein Beispiel. Eine tabellarische Auflistung Ihrer bisherigen Leistungen ist, wie schon erwähnt, trocken. Das erwarten sich die Wunschkund*innen ohnehin. Die Kundin und der Kunde setzt Ihre Kompetenz als Mindestanspruch voraus, um Sie überhaupt erst zu kontaktieren beziehungsweise zu buchen oder bei Ihnen zu kaufen. Überraschen werden Sie damit jedoch nicht. Emotionen wecken Sie mit Geschichten. Gerade das Storytelling findet auf der »Über mich«-Seite seinen besonderen Platz.

Wir alle lieben Geschichten. Konkret die Geschichte hinter dem Produkt, die Geschichte hinter der Dienstleistung. Die Gründungsmotivation. Lebenseinschnitte. All das, was Sie zu dem gemacht hat, was und wer Sie heute sind. Erzählen Sie auf Ihrer »Über mich«-Seite also *Ihre* Geschichte. Was treibt Sie an? Was ist Ihre Vision? Was sind Ihre Vorbilder?

Die »Über mich«-Seite hat – und dies ist an dieser Stelle besonders wichtig – aber noch eine zweite Funktion! Sie stellt nämlich nochmals, wie bereits auf der Homepage, also auf der ersten Seite, Ihr Angebot in den Vordergrund. Es geht also eigentlich nicht (nur!) um Sie, sondern auch darum, was Sie für Ihren Kundenstamm tun können. Die »Über mich«-Seite soll auch der Platz sein, an dem der Fokus noch mal auf Ihren USP gelenkt wird. Was machen Sie anders? Worin ist ihr Angebot besonders?

Hier ein gelungenes Beispiel:

Herzlich willkommen!
Ich bin Bernd Mustermann-Supermann und ich helfe Ihnen dabei, das auf Ihr Unternehmen abgestimmte Design für Ihren Newsletter zu finden.

Aha. Möglicherweise erinnern wir uns jetzt an den Namen; mit Sicherheit aber erinnern wir uns an den Service – sofern wir ihn benötigen.

Sympathiepunkte sammeln Sie, wenn's zum Unternehmen passt, übrigens auch mit Tieren. Salopp gesagt: Tiere gehen immer und können im Rahmen Ihres Unternehmensauftritts einerseits auf der »Über mich«-Seite, andererseits auf Social Media zur Kundenbindung eingesetzt werden. Den derzeit amtierenden österreichischen Bundespräsidenten sehen wir auf Instagram gerne mit seinem Hund Juli. Tiere bauen persönliche Distanzen ab. Mehr dazu im Kapitel über Social Media. Gerade im eben erwähnten Bereich Physiotherapie, aber ebenso in der Psychotherapie könnten Therapiehunde vertrauensfördernd wirken. Neben Ihrem eigenen Bild wäre zu überlegen, ob Sie auch ein Bild Ihres Haustieres zeigen möchten.

Abschließend sagen Sie Ihren Wunschkund*innen auf der »Über mich«-Seite, was sie abschließend tun sollen: Sie anrufen, ein Zimmer buchen, sich ein Angebot einholen, einen Termin vereinbaren, Ihnen auf einem Social-Media-Kanal folgen. Im Imperativ natürlich. Die Struktur der »Über mich«-Seite könnte also folgendermaßen aussehen:

- kurze Vorstellung Ihrer Person
- Mehrwert für die Kund*innen / Ihr Angebot
- Ihre Kompetenzen
- Ihre Geschichte
- CTA-Button

Und wie kann man die »Über mich«-Seite im Reiter überhaupt nennen? Eben: Über mich / Über uns / About / Team / Das Unternehmen / Das sind wir

Wenn die »Über mich«-Seite fertig getextet ist, können folgende Fragen hilfreich sein, um zu überprüfen, ob sie auch wirklich stimmig ist:

- Trifft das, was hier über mich steht, auf mich zu?
- Ist mein Kundenangebot deutlich?
- Habe ich wichtige Referenzen angeführt? Wenn nein, welche Referenzen möchte ich noch anführen?
- Wie wirkt meine Geschichte?
- Hat die Wunschkundschaft auf dieser Seite alles, was sie wissen muss?
- Passt die Tonalität zu meiner Zielgruppe?

Häufige (Denk-)Fehler

Ursache für die häufigsten Fehler beim Webtexten sind falsche Gedanken und Erwartungen. Falls Sie sich bei einem der folgenden Gedanken ertappen, wissen Sie, es ist Vorsicht geboten.

Trugschluss #1
Oh, diese Website gefällt mir! Es macht bestimmt nichts, wenn ich mir hier ein bisschen etwas abschaue!
Äh – doch! Das macht leider durchaus etwas. Denn Vorsicht: Einerseits wissen Sie womöglich auf den ersten Blick nicht, ob die Marke, die Ihnen so gut gefällt, geschützt ist. Ein Abkupfern hätte dann im schlimmsten Fall rechtliche Konsequenzen. Und abgesehen davon: Können Sie sich wirklich mit etwas identifizieren, was Sie sich von jemand anderem abgeschaut haben? Ich würde sagen, es gibt da einen kleinen, feinen Unterschied zwischen Inspiration und Plagiat. Um auf der sicheren Seite zu bleiben, lautet mein Tipp:

Streben Sie an, ein Original zu sein. Keine Kopie.

Abgesehen davon, dass die allermeisten von uns keine Kopie von etwas oder jemandem sein möchten und es schlimmstenfalls zu rechtlichen Schritten kommen kann, sage ich immer: Sobald Ihre Wunschkundschaft nicht mehr weiß, ob sie das Produkt nun bei x, y oder z gekauft hat, haben Sie verloren. Dann funktionieren weder Weiterempfehlung noch Wiedererkennung. Ihre Marke ist dahin und es wird Sie jede Menge Arbeit kosten, Ihr Markenimage entsprechend zu adaptieren.

Trugschluss #2
Wenn der Inhalt passt, ist die Rechtschreibung nicht so wichtig.
Oh no! Auch wenn ich diesem Gedanken in seiner Umsetzung oft begegne, wird es dadurch nicht besser. Selbst dann nicht, wenn es gegen-

über Rechtschreibfehlern mittlerweile eine vermeintliche Toleranz gibt. Ich persönlich würde mich nicht darauf verlassen wollen, dass es Besucherinnen und Besuchern meiner Website nicht auffällt, wenn nicht alles nach Rechtschreibplan läuft. Und, um ehrlich zu sein, sehe ich die Sache mit der Toleranz von Orthografiefehlern sogar noch ein bisschen strenger. Denn wie kommt man als Unternehmerin oder Unternehmer dazu, sich so wenig Mühe mit den Webtexten zu machen, und gleichzeitig zu glauben, der Kundin oder dem Kunden fällt das nicht auf? Man kann doch nicht allen Ernstes davon ausgehen, dass die Wunschkundin, der Wunschkunde Fehler einfach übersieht und dennoch voller Freude bei mir einkauft?

Mein Tipp lautet daher ganz klar: Lassen Sie Ihre Webtexte auf Sprachrichtigkeit hin prüfen. Wir sprechen hier nicht von dem einen oder anderen Komma- oder Tippfehler. Der unterläuft jedem von uns. Aber eine Anhäufung von Rechtschreibfehlern schadet dem Image und wirkt unprofessionell.

Orthografiefehler sind ein Zeichen von Unprofessionalität.

Trugschluss #3
Was bei A funktioniert, muss auch bei mir funktionieren.

Dem ist nicht so. Eine Marke umfasst mehr als nur die Webtexte. Wenn das Unternehmen von A also gut läuft, heißt das noch nicht, dass auch Ihres gut laufen muss, nur weil Ihre beiden Webauftritte ähnlich sind. Kundenkommunikation findet mitunter auch auf Social-Media-Kanälen, über E-Mail-Verkehr, in direkten Kundengesprächen statt.

Ich empfehle, den Fokus, ähnlich wie bei Trugschluss #1, immer auf das eigene Unternehmen zu lenken.

Webtexte sollen ein Spiegel des eigenen Unternehmens sein.

Trugschluss #4

Wenn ich einen Online-Shop habe, brauche ich keinen Laden mehr. Ich kann den Gedanken zwar nachvollziehen. Er ist trotzdem ein Trugschluss. Richtig ist, dass Sie mit einem Online-Shop zwar Ihre Reichweite erhöhen und Ihre Zielgruppe ausweiten. Aber Achtung: In den meisten Fällen werden mit einem stationären Laden andere Personen angesprochen als mit einem Online-Shop. Wenn Sie also schon einen Laden haben und diesen zugunsten eines Online-Shops schließen möchten, werden Ihnen mit ziemlicher Sicherheit Kund*innen wegbrechen. Auch wenn Sie durch die größere Reichweite natürlich neue und vermutlich mehr Kund*innen gewinnen werden, bin ich mir sicher, dass sich nicht jeder davon überzeugen lassen wird, fortan im Online-Shop zu kaufen. Große Nachteile wie die fehlende Haptik, keine persönliche Beratung etc. sind für manche Personen immer noch ausschlaggebend dafür, vorwiegend im stationären Handel zu kaufen.

Online-Shops sind mit stationären Läden nicht gleichzusetzen.

Trugschluss #5

Wenn meine Texte SEO-konform sind (sich also nach der Suchmaschinenoptimierung richten), brauche ich mich sonst um nichts zu kümmern. Es ist mit Sicherheit vorteilhaft, Webtexte suchmaschinenoptimiert zu gestalten. An anderer Stelle des Buches wird aber auch auf den Faktor »neue Inhalte« eingegangen. Suchmaschinenoptimierung allein ist nicht alles. Google und Co mögen es, wenn eine Website regelmäßig mit neuen Inhalten bestückt wird. Dies lässt sich mit einem Blog umsetzen. Aber auch das saisonale Updaten der Webtexte kann Vorteile im Suchmaschinenranking bringen. Zudem kann es vorkommen, dass sich Produkte mit der Zeit ändern. Manche fallen weg, andere kommen möglicherweise hinzu.

Suchmaschinenoptimierung allein ist nicht alles.

Trugschluss #6
Kein Mensch liest heutzutage lange Webtexte.
Sich kurzzufassen, wo Kurzfassen möglich ist, ist richtig. Diese Regel wurde in diesem Buch bereits beschrieben. Aber es muss natürlich stimmig sein und Ausnahmen bestätigen bekanntlich die Regel. Wenn Sie an manchen Stellen des Webauftritts begründeterweise mehr zu sagen haben, dann sagen Sie mehr! Die Texte zu kürzen, nur um des Kürzens willen, ist insofern gefährlich, als der Wunschkundschaft mitunter wichtige Informationen vorenthalten werden.

Webtexte müssen in erster Linie auf den Punkt gebracht sein. Nicht übermäßig lang heißt nicht automatisch kurz.

Trugschluss #7
Meine Texte müssen einfach sein. Sonst versteht sie niemand.

Wieso das nicht richtig ist, geht aus der 3-Faktoren-Formel ganz deutlich hervor. Businesstexte sind nur dann gute Texte, wenn sie

1. die Werte des Unternehmens widerspiegeln,
2. sich an der Wunschkundschaft orientieren und
3. rhetorisch ansprechend sind.

Nur wenn alle drei Faktoren zutreffen, können wir sagen, dass ein Text gut ist.

Jetzt gibt es daneben den grundsätzlichen Anspruch, dass Businesstexte verständlich formuliert werden müssen, ja. Verständlich impliziert aber nicht, dass der Text automatisch einfach sein muss. Einfach im Sinne von, es dürfen keine anspruchsvollen Wörter verwendet werden. Ich erinnere mich an ein Produkt aus einer Start-up-Show. Es war eine Art Frühchenpuppe, Zielgruppe waren Ärztinnen und Ärzte, Forscherteams, Studentinnen und Studenten. Natürlich kommt in der Anwerbung auch Fachvokabular vor. Das ist wichtig. Es macht also einen

Unterschied, ob Sie Akademikerinnen und Akademiker mit Ihrem Produkt ansprechen möchten, Sportlerinnen und Sportler, Künstlerinnen und Künstler oder Kfz-Mechanikerinnen und -Mechaniker.

Webtexte sollen verständlich formuliert sein. Verständlich und einfach ist nicht dasselbe.

Trugschluss #8
Ich kann mir nicht vorstellen, dass eine Gliederung des Webtextes einen wesentlichen Unterschied macht.

Zugegeben: Wie wesentlich der Unterschied am Ende wirklich ist, ist vermutlich schwer zu messen. Dennoch ist eine sinnvolle Gliederung der Webtexte unerlässlich. Das Auge kann die Inhalte so besser erfassen und es kann zudem besser deutlich gemacht werden, was das Wesentliche ist, was kommuniziert werden soll.

Jedes Wort zählt

Das klingt fast bedrohlich, ich weiß. Während wir Menschen ja noch ganz gut im Ausblenden und Abwägen sind und möglicherweise, wenn wir Glück haben, Interessent*innen auch dann bei uns buchen beziehungsweise kaufen, wenn das eine oder andere Wort nicht stimmig, der eine oder andere Satz eine Bauchlandung ist, so sind Suchmaschinen da schon weniger zärtlich. Nein, Google und Co sind knallhart. Und wenn wir nicht kreativ genug in unserer Wortwahl sind, wenn wir nicht die Sprache unserer Wunschkund*innen sprechen, wenn wir möglicherweise sogar auf Überschriften verzichten oder rechtliche Grundlagen wie das Anführen eines Impressums vergessen, ja, dann wird das mit dem guten Ranking in Suchmaschinen auch nichts werden. Gleichzeitig muss man vorsichtig mit Umkehrschlüssen sein. Denn zu behaupten, ein Webtext wäre nur gut, wenn er SEO(Suchmaschinenoptimierungs)-Kriterien erfüllen würde, ist schlichtweg falsch. Ein wahlloses Aneinanderreihen von Keywords und das Abarbeiten von SEO-Kriterien kann einem Text genauso schaden wie ein romanhaftes, langatmiges Erzählen über die eigene Biografie.

Kann man es also in Wahrheit gar nicht wirklich gut machen? Ich frage anders: Was ist schon gut? Was ist schon schlecht? Wer weiß schon wirklich, was richtig oder falsch ist? Und gibt es *die* Wahrheit überhaupt? Wir dürfen die Antworten auf diese Fragen getrost den Philosophen und all jenen überlassen, die sich ernsthaft, sinnvoll und in der Tiefe damit auseinandersetzen wollen beziehungsweise es überhaupt erst können! Ich empfehle für das Schreiben von Webtexten andere Maßstäbe. Es gibt da ein schönes Zitat von Konrad Adenauer, vielleicht kennen Sie es:

Die Krankheit unserer Zeit ist der Perfektionismus.

Auf Ihre Webtexte übersetzt heißt das: Seien Sie nicht zu streng mit sich. Wer sich nur an Suchmaschinen orientiert und daran, was sie »wollen«, den wird das Gestalten der eigenen Businesstexte mitunter schnell frustrieren. Meine Empfehlung lautet: Beginnen Sie mit all dem angeeigneten Wissen über Sprache und Rhetorik, das Sie aus diesem Buch für sich herausholen und mitnehmen können, erst einmal nach Lust und Können, aber vor allem mit Freude und Tatendrang. Sie können Ihre Webtexte – auch, wenn diese bereits online sind – immer wieder updaten, ergänzen, umgestalten. Das müssen Sie sogar. Denn genauso wie Ihr Angebot kein starres Konstrukt ist, werden sich auch Ihre Texte immer wieder, wenn auch nur geringfügig, ändern.

Suchmaschinen mögen einzigartige Texte.

Ein Faktor, der mir wichtig ist, soll dennoch nicht unerwähnt bleiben. Und zwar nicht nur aufgrund seiner Relevanz für Webtexte, sondern auch, weil ich denke, dass die Umsetzung dieses letzten Faktors, den ich gleich nenne, nicht schwierig ist und auch von jenen, die sich dem Gestalten von Businesstexten das erste Mal in ihrem Leben widmen, leicht umgesetzt werden kann. Es geht um *Unique Content*, um einzigartigen Inhalt.

Ich erkläre das anhand eines Beispiels:

Wir nehmen an, Sie sind selbstständige*r Immobilienberater*in. Auf Ihrer Website findet man aktuelle Immobilien sowie einen Blog zum Thema Immobilienkauf und Wohnen. Ihre Idee ist es, nun auch einen Podcast zu starten. Ähnlich dem Blog möchten Sie Themen ansprechen, die den Kund*innen Mehrwert bieten, nur eben zum Anhören. In Ihrem Blog wird es primär um Hörerfragen gehen, also darum, aus welchen Faktoren sich der Verkaufspreis zusammensetzt, wann der Weg zum Notar wichtig ist, ob man Mietpreise verhandeln kann, wie sich Betriebskosten aufschlüsseln etc. Der Podcast untermauert neben dem Blog Ihren Expertenstatus und bietet Interessent*innen einen Weg der Kommunikation, indem diese Fragen, die im Podcast geklärt werden, einsenden können. Interessiert sich eine Hörerin, ein Hörer später für den Kauf einer Immobilie, wird sie oder er sich an Sie erinnern und Sie möglicherweise mit der Suche nach einer geeigneten Immobilie beauftragen.

Vielleicht haben Sie sich schon zu Beginn dieses Kapitels gefragt, worin eigentlich der Unterschied zwischen der Übung, die richtigen Worte für seine Website zu finden und jener, Love-Words für sein Business zu formulieren, besteht. Wenn Sie einen Zusammenhang vermuten, liegen Sie mit Ihrer Einschätzung richtig. Immerhin haben Sie die Love-Words und überhaupt Ihr gesamtes Corporate Wording nicht umsonst definiert. Nein, es kommt genau jetzt, hier, auf Ihrer Website zur Anwendung. Der Unterschied liegt dann möglicherweise, so einer auszumachen ist, in der zeitlichen Abfolge. Es ist wichtig, sich im Rahmen des Corporate Wordings zuerst um Love-Words zu kümmern und dann zu überlegen, wie Google und Co zu den jeweiligen Begriffen stehen. Würden Sie umgekehrt vorgehen, also sich zuerst einen Webtext überlegen und dann der Frage nachgehen, welche Wörter Ihr Unternehmen überhaupt definiert und welche Wörter so gar nicht zu Ihnen und Ihrer Firma passen, dann müssten Sie im besten Fall Ihre Webtexte im Anschluss noch mal adaptieren; im schlechtesten Fall würden Sie die Diskrepanz im Wording nicht bemerken und Interessent*innen auf diversen Kanälen unterschiedlich und uneinheitlich ansprechen. Dies würde wiederum Ihren Wiedererkennungswert als Marke schmälern, kurz: zuerst die Wörter, dann der Text.

HELP!
Was tun, wenn die Worte nicht kommen?

Wenn Sie die Empfehlungen aus dem Buch für sich bereits umgesetzt haben, dann haben Sie mittlerweile eine ganze Menge an Strategiearbeit für Ihre Businesstexte geleistet. Sie kennen Ihre Unternehmenswerte, wissen, wer Ihre Wunschkundschaft ist, und haben erste rhetorische Basics intus. So weit, so gut. Leider kann es dennoch immer wieder passieren, dass uns einfach nichts einfällt. Dass die Worte nicht fließen, wie sie sollten. Dass Ideen sich nicht aufdrängen, wie wir das gerne hätten. In einem ersten Schritt möchte ich Sie beruhigen. Das ist normal.

Zeiten von Ideenlosigkeit gehören zu kreativen Schaffensprozessen dazu.

Es wäre ja wirklich zu einfach, wenn wir uns hinsetzen würden und perfekte Businesstexte in einer Art Flow-Zustand einfach aus uns heraussprudeln würden. Schreiben ist Schwerstarbeit – wenn Sie es mit dem Schreiben ernst nehmen. Ich habe in diesem Kapitel ein paar Ideen für Sie gesammelt, die Ihnen dabei helfen sollen, einerseits in Ihren Schreibprozess eine gewisse Struktur hineinzubekommen, andererseits das Schreiben an sich zu erleichtern.

Schreibtipp #1
Halten Sie sich zum Schreiben Ihrer Businesstexte einen bestimmten Zeitraum frei.

Ich empfehle, sich für das Schreiben einen Termin im Kalender einzutragen und sich ähnlich wie für ein Meeting darauf vorzubereiten. Stellen Sie ein Glas Wasser, einen Kaffee oder einen Tee bereit.

Schreibtipp #2
Legen Sie Ihr Smartphone beiseite!

Hand aufs Herz. Wer kennt es nicht? Ah, jetzt ist mir aber eine gute Überschrift gelungen. Bim bim. Oh, wer schreibt denn da? Ach, Mutter, hallo. Ja, mir geht es auch gut. Handy weg. Bim bim. Nein, Mutter, ich komme heute nicht zum Essen. So, weiter im Text. Wo war ich? Ach ja, die Überschrift. Ziemlich gut, oder? Damit werde ich meine Wunschkundschaft fesseln. Jetzt zur Überleitung. Wie war das noch mal mit dem Storytelling? Google auf. Storytelling eingeben. Ach ja. Bim bim. Ja, gerne, morgen bitte Lasagne, das wäre fein. Okay, die Message sollte angekommen sein.

Schreibtipp #3
Machen Sie eine kurze Pause!
Bevor Sie sich dazu entschließen, siehe Schreibtipp #5, Ihr Schreibdate zu verschieben, versuchen Sie es zunächst mit einer Pause, wenn Sie merken, dass Sie nicht vorankommen. Öffnen Sie die Fenster und atmen Sie ein paar Mal tief aus und ein. Versuchen Sie es ein weiteres Mal. Möglicherweise klappt es mit dem Schreiben jetzt besser.

Schreibtipp #4
Wenn die Worte nicht kommen, fragen Sie sich, ob irgendetwas noch unklar ist.

Was ist es, das Sie möglicherweise blockiert? Sind da vielleicht noch unbewusste Ängste, Unsicherheiten, die aufgelöst werden möchten? Gibt es Probleme im Hinblick auf das Schreiben selbst? Hören und spüren Sie in sich hinein. Und stellen Sie sich Ihren Gefühlen.

Schreibtipp #5
Verschieben Sie Ihr Schreibdate, wenn die Worte nicht kommen.
Ich spreche hier aus eigener Erfahrung. Es kommt tatsächlich hin und wieder vor, dass mir an manchen Tagen einfach nichts einfällt. Das passiert! Und da hilft dann auch kaum etwas, um in die Kreativität zu kommen. Dabei habe ich eines gelernt. Zu warten, dass die Worte doch noch kommen, vergrößert den Frust nur. Wenn Sie nach 20 Minuten immer noch

vor einem leeren Blatt Papier sitzen, machen Sie nicht nur einfach eine Pause, sondern verschieben Sie Ihren Schreibtermin. An manchen Tagen läuft's einfach nicht. Dies zu akzeptieren kann helfen, nicht in eine unnötige Stressspirale zu geraten. Je eher Sie die Tatsache annehmen, dass es Phasen der Ideenlosigkeit gibt, umso eher werden Sie verhindern, dass diese Phasen in Unproduktivität enden. Dann nämlich, wenn Sie auf Teufel komm raus darauf beharren, dass aber jetzt Inhalte kommen müssen. Geben Sie sich Zeit und probieren Sie es in einer Woche wieder.

Schreibtipp #6

Wenn Sie sich blockiert fühlen, versuchen Sie es einmal mit folgender Entspannungsübung:

Einatmen. Ausatmen. Das allein kann schon Wunder wirken. Zählen Sie beim Einatmen bis 6, halten Sie den Atem kurz an und atmen Sie dann bewusst wieder auf 6 aus. Achten Sie beim Einatmen darauf, in den Bauch zu atmen. Es ist wichtig, von der flachen Brustatmung in die Bauchatmung zu kommen. Ein entspannter Kopf schreibt einfach besser!

Schreibtipp #7

Die Textüberarbeitung folgt in einem letzten, separaten (!) Schritt. Während des Schreibens unterlaufen uns Tippfehler. Jedem von uns. Manche fallen Ihnen schon während des Tippens auf, andere nicht. Halten Sie sich nicht mit dem ständigen Korrigieren und Überarbeiten Ihres Textes auf, wenn Sie noch in der Schreibphase sind. Besonders dann nicht, wenn Sie gerade in einem Flow sind. Packen Sie die Gelegenheit beim Schopf und nutzen Sie die Kreativität, wenn sie da ist. Wie lange haben Sie schließlich darauf gewartet, dass die Worte endlich fließen! Das Letzte, das wirklich Allerletzte, was Sie jetzt brauchen können, ist, dass der Kreativitätsfaden reißt und Sie irgendwann wieder von vorne beginnen müssen. Wieder warten müssen, bis Ideen kommen. Nur weil Sie sich gerade mit dem Ausbessern des einen Tippfehlers selbst aus dem Konzept gebracht haben. Ja, wir haben es schon oft gehört. Die einwandfreie Rechtschreibung ist ein wesentlicher Faktor. Aber Sie haben auch nach dem Schreiben noch Zeit, Ihre Fehler auszubessern, Ihren Text zu überarbeiten, unvollständige Sätze fertigzustellen, Gedanken zu vervollständigen.

Der Imagefilm

Imagefilme schaut doch heutzutage niemand mehr. Denkste! Sie sehen sich doch auch manchmal lieber die Nachrichten im Fernsehen an, anstatt eine Tageszeitung zu lesen, oder? Welches Medium wir gerade in einer bestimmten Situation bevorzugen, hängt von den verschiedensten Faktoren ab: Ist es im Raum gerade laut oder leise, möchte ich aktiv Medien konsumieren oder mich lieber berieseln lassen, habe ich gerade etwas anderes zu tun und höre nur am Rande zu, was jemand sagt?

Bei Imagefilmen für Unternehmen ist das ähnlich. Imagefilme sprechen die Konsumentin, den Konsumenten auf einer anderen Ebene und vermutlich auch in einer anderen Situation an.

Wenn Sie sich gerade die Frage stellen, ob ein Imagefilm für Ihr Unternehmen überhaupt Sinn macht oder ob Ihre Wunschkundschaft Interesse daran hat, zu sehen, wie das Herstellen von Schuhschränken funktioniert, dann lautet meine Antwort: Ja, und im Übrigen schadet ein bisschen mehr Überzeugung von der eigenen Arbeit hinter (!) dem Vorhang nicht! Unterschätzen Sie das Interesse der Kundinnen und Kunden nicht.

Ist nun also die Entscheidung für den Imagefilm gefallen, stellen sich eine Reihe von weiteren Fragen, die für die Umsetzung relevant sind:

- Soll ich als Unternehmerin, als Unternehmer im Film vorkommen?
- Was soll das Video zeigen?
- Wie komme ich zu überzeugenden und authentischen Texten?

Und dann sollte ja auch jemand etwas in die Kamera sprechen. Wir gehen einen Schritt zurück zu der Frage, ob Sie im Imagevideo vorkommen sollten. Meine Empfehlung lautet in jedem Fall: Ja, wenn Sie ein Ein-Personen-Unternehmen oder ein Kleinstunternehmen mit ein bis zwei Angestellten sind. Dann nämlich ist es sehr wahrscheinlich, dass sich Ihre Wunschkundschaft mit Ihnen identifiziert und Sie als Person Teil der Marke sind. Die Zuschauerschaft weiß auf Anhieb, mit wem sie es zu tun hat, und entscheidet sofort darüber, ob Sie ihr sympathisch sind oder nicht. Was uns gleich zur nächsten Frage bringt, nämlich zum Inhalt. Ich beantworte diese Frage mit der Empfehlung, sich hier an einen Profi zu wenden, der mit der Gestaltung von Imagefilmen viel Erfahrung und ein Gespür für kundenbringendes Storytelling hat. Eines kann ich Ihnen als Texterin allerdings mitgeben:

**Ein Imagefilm ist keine Selbstbeweihräucherung.
Ihre Wunschkundschaft interessiert sich nicht dafür, wie toll Sie wieder bei Ihrer letzten Fortbildung abgeschnitten haben.**

Im Grunde gibt es sogar Überschneidungen zur sprachlichen Gestaltung auf Social-Media-Kanälen, denn auch im Imagefilm – und nun sind wir bei der dritten und für dieses Buch wichtigsten Frage angelangt – kommt es darauf an, Ihre Wunschkundschaft in kurzer Zeit auf gewinnende Art und Weise zu überzeugen. Ihre Zuhörerschaft interessiert in einem ersten Schritt dabei nicht, wo Sie Ihre Ausbildung gemacht haben und wem Sie es zu verdanken haben, dass Sie heute hier stehen. Ihre Zuhörerschaft interessiert sich genau für diese beiden Fragen:

1. Was bringt es mir, dass ich Ihnen zuhöre?
2. Worin liegt mein Mehrwert, wenn ich mir dieses Video ansehe?

Das sind höchst egoistische Gründe und darum ist es wichtig, zu verstehen, dass sich die Wunschkundschaft in erster Linie für das Lösen ihres eigenen Problems interessiert und erst in zweiter Linie für Sie als Unternehmerin, als Unternehmer. Behalten Sie das beim Texten immer im Hintergrund, dann werden Sie merken, dass Sie eine ganz andere Wortwahl treffen, als wenn Sie glauben, Sie müssten sich selbst ins Zentrum des Videos rücken. Klar spielen Sie als Person, besonders, wenn Sie ein Ein-Personen-Unternehmen sind, eine bedeutsame Rolle. Immerhin soll sich ja die Zuhörerschaft mit Ihnen identifizieren können, Sie müssen sich also nahbar, authentisch, freundlich und kompetent zeigen. Aber bitte nicht überheblich und allzu selbstherrlich. Ich denke, mit der Haltung und dem Ziel im Hintergrund, dass der Imagefilm in erster Linie dem Imagegewinn dient und nicht dem Ego, ist der erste Schritt zum Erfolg bereits getan.

Jetzt fragen Sie sich vielleicht: War's das schon? Und jetzt soll ich einen Text für meinen Imagefilm schreiben können?

Nein, natürlich nicht. Aber wie bei allen Businesstexten gilt eben auch hier, dass Sie umso schneller herausragende Ergebnisse erzielen werden, je mehr Zeit, Mühe und Kraft Sie in die Vorarbeit investiert haben. Erst heute hat mir eine Kundin gesagt: Ich möchte auch einmal so schnell gute Texte schreiben wie du. Okay, meinte ich, dann treffen wir uns in zehn Jahren und wir gucken, wie's läuft. Klar ist jemand, der sich berufsbedingt bereits Jahre oder gar Jahrzehnte mit dem Texten beschäftigt, schneller als ein Laie, dessen Job es vielleicht ist, Möbel in Handarbeit herzustellen. Aber der Punkt ist ja ein ganz anderer. Sie selbst wissen es am besten, sonst würden Sie das Buch jetzt nicht in Händen halten. Sich selbst einer Sache zu widmen, heißt, sein ganzes Herzblut hineinzustecken, um am Ende sagen zu können: Ich habe nicht nur aus einer Not eine Tugend gemacht und Geld gespart, weil bei meinem Budget fürs Texten einfach kein professioneller Texter, keine Texterin drin war. Es geht doch auch darum, am Ende zu sagen: Ich habe mir so viel angeeignet, ich bin stolz auf mich. Wer hätte vor einem

Jahr gedacht, dass ich heute einen Text für meinen Imagefilm selber schreiben kann?

Wir gehen zurück zur Vorarbeit. Ein Imagefilm spiegelt vor allem auch die Werte Ihres Unternehmens wider. Ich weiß, es klingt nach sehr viel Arbeit, all das durchzuackern, worüber wir in diesem Buch schon gesprochen haben. Und um ehrlich zu sein: Es ist auch viel Arbeit. Aber wenn Sie sich einmal mit Ihren Werten und Ihrer Marke auseinandergesetzt haben, dann sind Sie in der Lage, jeden Businesstext selbst zu schreiben.

Oder glauben Sie, es sei besser, wenn Sie sich all die Vorarbeit ersparen und eine Texterin oder einen Texter beauftragen? Was denken Sie, wie »gut« diese Texte am Ende sind, wenn Sie selbst noch nicht einmal wissen, wofür Ihr Unternehmen steht (und wofür nicht)?

Haben Sie Lust auf eine kurze Übung? Versetzen Sie sich in Ihre Wunschkundschaft und notieren Sie die Schlagwörter, mit denen Sie das Imagevideo assoziieren. Decken Sie sicherheitshalber meine vorgeschlagenen Wörter ab, damit Sie auch wirklich sehr kreativ werden. Es gibt hier kaum ein Richtig und Falsch. Also wenn Sie jetzt nicht gerade Wörter wie Selbstverliebtheit und Distanz auf Ihrer Liste haben, ist alles gut.

Hier sind meine persönlichen Assoziationen:
Vertrauen, Kundenbindung, nahbar, authentisch, Einblick, Kulisse, Echtheit, Imagegewinn, Sympathie, Expertenwissen, freundlich, lächeln, Marke, Markenaufbau, Sinneswahrnehmung, Bedürfnis, Lösung, SEO, Klicks, Kundenkommunikation, glaubhaft, Bilder, Wahrnehmung, Storytelling, modern, zeitgemäß, prägnant, atemberaubend, Gesicht

Manche Unternehmen verzichten auf ein Imagevideo zugunsten eines Videos, das ein ausgewähltes Produkt, einen Workshop, einen Online-Kurs bewerben soll. Hier ist es wichtig, sich auf die Frage zu konzentrieren, was die Wunschkundschaft davon hat, genau dieses Produkt, diesen Workshop, diesen Online-Kurs zu buchen. Auch wenn es hier nicht im Detail um Firmenwerte und einen Imagegewinn des Unternehmens, sondern letztlich um steigende Verkaufszahlen geht, so muss dennoch immer (!) der Kundennutzen im Vordergrund stehen. Und jetzt wird's spannend. Wenn Sie Ihre Zuhörerschaft fesseln und sicherstellen möchten, dass sie Ihnen auch gespannt zuhört oder zusiehst, dann eignet sich eine Frage als Einstieg in das Video optimal.

Hier drei Praxisbeispiele aus dem Bereich Video für einen Online-Workshop:

1. Kennen Sie das auch? Sie fotografieren und fotografieren, ändern das Licht, die Position der Kamera, das Motiv, aber keines der Fotos begeistert Sie am Ende? In diesem Fotografie-Workshop erfahren Sie, wie Sie perfekt in Szene gesetzte Motive mit Leichtigkeit in atemberaubende Bilder verwandeln.
2. Stellen Sie sich vor, Sie bräuchten keinen einzigen Tag in Ihrem Leben mehr darauf zu achten, was Sie essen. Sie müssten nie wieder Kalorien zählen und sich nie wieder Gedanken um zu enge Jeans machen. Wie hört sich das für Sie an? Gemeinsam lüften wir in diesem Workshop das Geheimnis der xxx-Ernährungsformel.
3. Klimakrise. Ökologischer Fußabdruck. CO_2. Plastikmüll. Fühlen Sie sich von den Zukunftsvisionen auch manchmal richtiggehend erschlagen? Werden Sie mit uns gemeinsam aktiv. Aktiv für eine bessere Welt. In diesem 3-Schritte-Workshop lernen Sie alltagstaugliche Tools, mit denen Sie es schaffen, unseren Planeten zu einem besseren Ort zu machen. Für Sie. Und für die Generationen nach uns. Ohne Horrorszenarien. Dafür mit ganz viel Hoffnung.

Spüren Sie etwas? Wenn ja, dann ist die Botschaft angekommen. In diesen drei Videoanfängen habe ich versucht, Sie als potenzielle Kundin, als potenziellen Kunden bei Ihrem Problem (!) abzuholen und gleichzeitig eine Lösung (!) aufzuzeigen, die Sie bekommen, wenn Sie den Workshop buchen. Nicht aufdringlich, aber auf den Punkt.

Was jetzt folgt, sind inhaltliche Details zum Workshop beziehungsweise zum Online-Kurs. Wie viele Lektionen gibt es, was erwartet die Kundschaft, wozu wird sie in diesem Workshop befähigt, kurz: Was verbessert sich mit dem Kauf des Kurses, oder wie immer:

Worin liegt der Vorteil für die Wunschkundschaft?

Teil 3

Praxisbeispiele

MITTEN AUS DEM BUSINESS

Im dritten Teil des Buches habe ich mich für Sie auf die Suche nach rhetorisch ansprechenden Websites begeben, die die Kriterien in Hinblick auf die 3-Faktoren-Formel erfüllen und daher als Best-Practice-Beispiele angeführt werden können. Es war eine bewusste Entscheidung, Texten von Ein-Personen-, Kleinst- und Kleinunternehmen den Vorzug zu geben. Ausnahmen bestätigen die Regel. Dafür gibt es mehrere Gründe.

Einerseits ist es identitätsstiftend, Texte von Unternehmer*innen zu lesen, die, so wie wir, für den Großteil der Firmenbelange selbst verantwortlich sind und maximal mit Freelancern und wenigen Angestellten arbeiten.

Zweitens halte ich es für wenig sinnvoll, Ihnen Werbetexte großer Konzerne als Best-Practice-Beispiele vorzustellen. Dass die verantwortlichen Abteilungen ihren Job gut machen, davon ist auszugehen. Und ich weiß nicht, wie es Ihnen geht, aber ich vermute, dass Sie sich genauso wie ich mehr mit jenen Unternehmern identifizieren können, die sich – wie eben erwähnt – selbst um ihre Texte kümmern.

Vermutlich braucht an dieser Stelle nicht extra erwähnt zu werden, dass eine Empfehlung keine Einladung zum Abschreiben ist. Aber man darf sich guten Gewissens inspirieren und von rhetorischen Leckerbissen begeistern lassen.

Was Sie noch wissen sollten, ist, dass die Auswahl der Firmen, die Sie im Buch, aber insbesondere in diesem letzten Kapitel finden, einzig und allein auf meinen Recherchen beruht und keinerlei Firmeninteressen hinter einer Erwähnung stehen.

Und drittens, wir wissen es alle, ist die Welt eine schnelllebige, die digitale eine turboschnelllebige. Damit will ich sagen, dass Sie den

Wortlaut, wie ich ihn jetzt in diesem Buch zitiere, möglicherweise später, wenn Sie das Buch in Händen halten und online nach einer der erwähnten Firmen suchen, gar nicht mehr finden werden. Das wäre im Übrigen kein schlechtes Zeichen, sondern ein gutes, denn Sie wissen ja bereits, dass auch Webtexte regelmäßig upgedatet oder gar erneuert werden sollten. Bis das vorliegende Buch erscheint, vergehen noch mindestens acht Monate. Im schlimmsten Fall gibt es bis dahin das eine oder andere Unternehmen nicht mehr. Auch wenn ich das persönlich für nicht sonderlich wahrscheinlich halte, weil die ausgewählten Firmen solide aufgestellt wirken, leben wir derzeit in sehr turbulenten, um nicht zu sagen, wirtschaftlich schwierigen Zeiten, in denen gerade alles möglich scheint.

Angesichts dieser Schnelllebigkeit in der digitalen Welt stellt sich die Frage: Ist es überhaupt sinnvoll, in diesem Buch einen Teil mit Praxisbeispielen aufzuführen?

Mein Ziel ist es, Ihnen im Sinne der 3-Faktoren-Formel Texte zu zeigen, die sowohl kundenwirksam als auch authentisch sind und anhand derer Sie sehen, wie gutes Schreiben funktioniert. Für dieses Vorhaben liefern Texte aus der Praxis einfach den meisten Mehrwert. Wenn man nicht weiß, wie man gute Webtexte erkennt und nach welchen Maßstäben man sie bewertet, kann das Lesen zur Mühsal werden. Sie werden sich immer wieder fragen: Ist das jetzt ein guter Text? Geht so gutes Schreiben? Das ist der Grund, warum ich an diesem dritten und letzten Buchteil festgehalten habe. In der Hoffnung, dass Sie sich jetzt zurücklehnen und ich meine Begeisterung über die ausgewählten Websites mit Ihnen teilen darf.

Die »dazu Manufaktur«[10]

Das österreichische Unternehmen »dazu Manufaktur« von Annemarie und Georg Rohrauer fand im Buch bereits Erwähnung und macht deshalb hier den Anfang. Möglicherweise haben Sie nach der

»dazu Manufaktur« bereits gegoogelt. Dann haben Sie einen ästhetisch ansprechenden One-Pager gefunden, der durch Klarheit im Design und Reduktion auf das Wesentliche besticht. One-Pager heißt nebenbei erwähnt, dass der Webauftritt tatsächlich aus nur *einer Seite* – der Homepage – besteht und es keine Unterseiten gibt. Die Firmenfarben sind Weiß und Schwarz, die Webtexte sind in einem hellen Schlammton hinterlegt. Sofort ins Auge sticht der schwarze, runde Button mit der Aufschrift »Shop«. Es ist sofort erkennbar, wohin der Besucher geleitet werden soll. Ohne Satz, ohne Aufforderung, ohne Imperativ. Einfach nur mit einem Wort und einem Button: Shop.

Nun interessieren wir uns aber in erster Linie für die Gestaltung der Webtexte. Den Shop können Sie ja später noch besuchen. Sollten Sie die Website aufrufen, werden Sie merken, dass die Texte eine fast untergeordnete Rolle zu spielen scheinen. Die Kommunikation funktioniert über emotionale Bilder, vorwiegend in den Farben Grün und Rot, dazwischen sieht man immer wieder Bilder von den »dazu«-Produkten. Sprache, Fotos, Schriftart und Produktpalette ergeben ein Bild: schnörkellos, natürlich, ehrlich. Wie dieses Bild in den Webtexten umgesetzt wird, zeige ich hier:

ZUM ESSEN DAZU
Alle unsere Produkte werden zu verschiedenen Speisen, zu Brot oder zur Jause (Österreichisch für Imbiss, Anm. d. Red.) dazu gegessen. Daher nennen wir unsere Produktlinie ganz einfach so: dazu. Da weiß man gleich, was man damit macht. Nämlich sich's schmecken lassen. Der Name und die Grundidee passen also perfekt zu den Produkten, denn die sind einfach und ehrlich, ohne Schnickschnack, und werden aus 100 % biologischen Zutaten von uns selbst hergestellt.

VON DER NATUR ABGESCHAUT
Seit vier Generationen beschäftigen wir uns auf unserem Biohof mit der Natur, und das hat uns über die Jahre gezeigt, wie perfekt das Ökosystem

funktioniert. Das versuchen wir in unsere Arbeit einfließen zu lassen. Denn biologische Landwirtschaft bedeutet für uns: funktionierende Abläufe im natürlichen Kreislauf zu erhalten.

ALLES BIO
Genauso wie bei der Arbeit ist es uns wichtig, auch unsere Produkte im Sinne der Natur herzustellen – vom Inhalt bis zur Verpackung. Alle Zutaten stammen aus kontrolliert biologischem Anbau (kbA), die Verpackungsmaterialien sind recyclebar, und sogar unsere Aufkleber auf den dazu-Gläsern sind umweltfreundlich und kommen ganz ohne PVC aus.

WIR
Und das sind wir: Georg und Annemarie. Von uns stammt die Idee für die Produktpalette. Wir denken uns die Rezepte aus und probieren so lange, bis es schmeckt. Dann erst stellen wir jedes unserer Produkte selbst von Hand für den Verkauf her.

WAS DIE NATUR SO BIETET
Die Streuobstwiesen im Mittelburgenland sind ein wertvolles Natur- und Kulturgut. Es gibt sie bereits sehr mehreren Hundert Jahren, was unsere Bienen in den Stöcken auf den Wiesen besonders freut, weil die Auswahl an Nahrung sehr vielfältig ist. Und für unsere Bioprodukte ist das auch gut, denn viele Zutaten für die dazu-Produkte stammen von den Obstbäumen, Wiesen und Sträuchern in unserer Umgebung.

DAS GEMÜSEFELD
Was nicht auf der Wiese oder am Baum wächst, bauen wir auf unserem Gemüsefeld an. Die Vielfalt an alten Gemüsesorten und Kräutern bereichert das natürliche Ökosystem sowie die Qualität unserer Produkte und ist auch eine Inspirationsquelle für neue Rezeptideen.

MARKTZEIT
Die ist jeden Monat am »Markt der Erde« in Parndorf. Dort finden sich die besten Kleinproduzenten aus unserer Region zusammen, und auch wir sind mit Honig und unseren dazu-Produkten vertreten. Wohin wir unsere Produkte sonst noch mitnehmen, kündigen wir rechtzeitig per E-Mail und auf Facebook an oder Sie besuchen uns in unserem Onlineshop.

IMMER DABEI: PINOT
Unser Hund begleitet uns auf Schritt und Tritt und ist immer dabei. Egal, ob wir dazu-Produkte liefern, ernten oder fotografieren. Er will nicht ohne uns und wir auch nicht ohne ihn.

PRODUKT-PALETTE
Selbst gemacht aus regionalen Zutaten und 100 % bio – das sind unsere dazu-Produkte, von denen es inzwischen schon fast 20 Stück gibt. Vom Senf über die Senfsauce bis hin zu den Säften und scharfen Chilis von unserem Gemüsefeld. Und die schauen nicht nur schön aus, sondern schmecken auch genauso gut. Einfach probieren.

SPEIERLING
Der Speierling ist eine alte Obstbaumsorte, die Früchte schmecken ein wenig bitter und sehen aus wie eine Mischung aus Birnen und Kriecherl (Kriechen-Pflaume, Anm. d. Red.). In der Nähe von Lackendorf stehen ein paar der letzten ausgewachsenen und freistehenden Speierling-Bäume in Österreich. Schon beeindruckend. Saisonal findet sich das eine oder andere Produkt in unserem Sortiment.

DER HOFLADEN
In unserem Hofladen in Wien gibt's alles, was unsere Landwirtschaft im Burgenland hergibt. Und noch mehr. Neben hausgemachten Honigen, Senfen, Säften undsoweiterundsofort verkaufen wir nämlich auch viele Grundprodukte, die wir von Freunden und Bekannten beziehen. Etwa Sauerteigbrot von der Bäckerei Öfferl, Bio-Fisch von Mark Mössmer oder Käse und

Gemüse von anderen Bio-Bauern. Und weil uns das noch immer nicht reicht, reichen wir unseren Kunden im Hofladen auch noch Säfte, Weine und Kaffee und vor allem Kuchen. Der wird von uns selbst gebacken und schmeckt – das sagen wir jetzt nicht nur so – wirklich, wirklich gut. Manchmal kreieren wir auch ganz spontan völlig neue Köstlichkeiten aus übriggebliebenen Produkten. Denn eine Sache gibt es im Hofladen nicht: dass Essen weggeworfen wird.

Die Webtexte harmonieren mit den Bildern ganz wunderbar. Die Leserin und der Leser wird vom Handwerk und von den Produkten überzeugt. Wie Annemarie und Georg Rohrauer das schaffen, können wir anhand einer Analyse der verwendeten Adjektive zeigen:

einfach, ehrlich, biologisch, perfekt, funktionierend, recycelbar, umweltfreundlich, wertvoll, vielfältig, gut, alt, neu, regional, scharf, schön, bitter, beeindruckend, saisonal, hausgemacht, spontan

Ich lade Sie jetzt zu einer kleinen Übung ein. Lesen Sie sich die aufgelisteten Adjektive konzentriert durch. Welche Geschichte erzählen die Adjektive? Könnten Sie, ohne vom Unternehmen »dazu Manufaktur« zu wissen, erahnen, dass es sich bei diesen Produkten um Beilagen zum Essen handelt? Zumindest scheint recht klar zu sein, dass es um Produkte aus dem Lebensmittelhandel geht. Die Adjektive »biologisch, scharf, bitter, saisonal und hausgemacht« lassen darauf schließen. Dass dem Unternehmen auch ein Beitrag zum Umweltschutz wichtig ist, lässt sich an den Adjektiven »recycelbar« und »umweltfreundlich« ablesen. Dass viele Produkte scharf schmecken, verrät das Adjektiv »scharf«. Und dass das Unternehmen letztlich auf eine harmonische Verschmelzung bodenständiger Handarbeit aus früheren Generationen mit neuen Produktkreationen setzt, das verraten die Adjektive »alt« und »neu«.

Was können Sie für sich von den Webtexten der »dazu Manufaktur« mitnehmen?

Ich halte es für absolut wesentlich, zu Beginn der Selbstständigkeit sein Corporate Wording zu definieren. Daran zu arbeiten, welche Love-Words Sie verwenden und wie Sie von Ihrer Wunschkundschaft wahrgenommen werden möchten, ist niemals vergeudete Zeit. Je intensiver Sie sich mit Ihrer ganz eigenen, individuellen Unternehmenssprache auseinandersetzen, umso einheitlicher wird Ihr Bild nach außen und umso größer wird der Wiedererkennungswert Ihrer Marke sein. Nehmen wir als Produkt, das wir alle kennen, den Big Mac der Fast-Food-Kette McDonald's. Ich wage zu bezweifeln, dass der Big Mac genauso erfolgreich und bekannt geworden wäre, hätte man einmal als »Fleischburger«, einmal als »amerikanische Semmel mit Rinderhack« und einmal als »doppelter Cheeseburger« über ihn gesprochen.

Wenn Sie im Zuge des Aufstellens Ihres Corporate Wordings sehr in die Tiefe und ins Detail gehen möchten, empfehle ich durchaus eine Adjektivanalyse, wie wir sie eben hier gemacht haben. Sie können entweder so vorgehen, dass Sie einen Webtext formulieren, sich anschließend alle Adjektive herausschreiben und sich fragen, ob das die Worte sind, mit denen Ihr Unternehmen, Ihre Marke in Verbindung gebracht werden soll. Oder Sie machen es umgekehrt und formulieren zuerst alle Adjektive, die Ihnen wichtig sind, die also Ihrer Meinung nach unbedingt in den Webtexten vorkommen sollen, und integrieren sie Stück für Stück während des Schreibens in den Text.

Falls Sie für eine letzte Übung in diesem Kapitel noch ein bisschen Zeit haben, bitte ich Sie, jetzt ein paar Seiten zurück zu den Webtexten der »dazu Manufaktur« zu blättern. Lesen Sie noch mal über die Texte. Beispielsweise über Pinot, den Hund. Was wir hier finden, ist die perfekte Umsetzung von Einfachheit in der Sprache im Sinne einer beabsichtigten Reduktion auf das Wesentliche. Rhetorisch zeigt sich das manchmal anhand von Ellipsen, wie zum Beispiel hier: »Egal, ob wir

Produkte liefern, ernten oder fotografieren«. Die Sache an sich ist so wesentlich, dass man dafür nicht mal einen ganzen Satz braucht. In dem angeführten Beispiel fehlt der Hauptsatz, hier steht nur ein Nebensatz, der an sich keinen Satzwert hat und eigentlich nicht allein, also nicht ohne Hauptsatz stehen kann. Er steht hier trotzdem. Die Verwendung von Ellipsen ist fast immer beabsichtigt. Besonders dann, wenn man sich wirklich kurzfassen möchte. Die Konzentration auf das Wesentliche hat die »dazu Manufaktur« gekonnt umgesetzt.

Horizn Studios[11]

Kennen Sie Horizn Studios? Kannte ich zunächst auch nicht. Im Zuge meiner Recherchearbeit für dieses Buch habe ich viele und noch mehr Stunden damit verbracht, nach Unternehmen zu suchen, die sprachlich irgendwo irgendetwas anders machen. Horizn Studios produzieren Reisegepäck. Und was ich an der Marke so großartig finde, ist, dass sie die Zielgruppe direkt in ihren Slogan verpackt. Hier wird die Wunschkundschaft also direkt angesprochen, und das macht es einfach:

Smartes Reisegepäck für urbane Nomaden

Denn entweder Sie sind ein urbaner Nomade oder eben nicht. Oder anders. Wenn Sie gerne verreisen, dann ist dieses Gepäck für Sie gemacht.

Let's Go. Further.
Wir designen und entwickeln Reisegepäck, Rucksäcke und Travel Essentials für eine neue Generation: für die Pioniere, die Macher und die ewig Neugierigen – alle, die ihre Horizonte erweitern wollen, und alle, die keine Grenzen kennen. Gemeinsam als globale Community können wir die Zukunft des Reisens gestalten – eine Zukunft, die nachhaltig verbindet. Zusammen können wir die Welt verändern. Let's Go. Further.

Die Definition der Zielgruppe findet auch im Webtext ihre Fortführung. Die Wunschkundschaft von Horizn Studios soll sich nicht nur als weltoffener Kosmopolit verstehen, sondern als Teil einer Community, die sogar Potenzial hat, die Welt zu verändern. Wie kann das gehen?

Unser Impact
Going Further, Together
Damit Du bewusst einkaufen kannst, müssen wir mit jedem Schritt verantwortungsvolle Entscheidungen treffen. Wir begeben uns in eine neue Ära des Reisens – eine Ära, die auf Nachhaltigkeit setzt. Das bedeutet nicht nur, dass wir uns der Verantwortung gegenüber unserem Planeten bewusst sein müssen, sondern uns auch weiterhin für die Bekämpfung sozialer Ungerechtigkeiten einsetzen.

Nachhaltige Lösungen für unseren Planeten
Wir glauben an eine Welt ohne Grenzen und wollen gemeinsam die Zukunft des Reisens gestalten. Von der Langlebigkeit unserer Produkte über die Priorisierung tierfreundlicher Materialien bis hin zur Verwendung von recycelten Verpackungen stellen wir sicher, dass Deine Reisebegleiter nicht nur den Test der Zeit bestehen, sondern verantwortungsvoll hergestellt werden.

Tierfreundliche Herstellung
Wir lieben Tiere genauso sehr wie das Reisen. Deshalb sind wir stolz darauf, von der Tierrechtsorganisation PETA anerkannt zu sein. Seit 2020 verwenden wir kein Echtleder mehr – unsere veganen Produkte beweisen schon jetzt, dass Reiseprodukte extrem leistungsfähig, erstklassig designt und tierfreundlich sein können. Während unsere Leder-basierten Produkte noch abverkauft werden, tragen fast alle Reisebegleiter schon das vegane Logo von PETA.

Horizn Studios hat sich als Unternehmen tatsächlich mehr als ausreichend mit seiner Wunschkundschaft auseinandergesetzt. Dass es sich im 21. Jahrhundert selbst der urbane Nomade aus dem Slogan nicht mehr leisten kann, Echtleder zu tragen – oder gar damit zu verreisen, versteht sich fast von selbst. Denn die angesprochene junge, budgetstarke Kundschaft ist eine aufgeklärte und Veganismus längst kein Begriff mehr, der sich auf Lebensmittel beschränkt.

Anhand von Horizn Studios sehen Sie, wie zielgruppenadäquate Sprache in Webtexten funktioniert. Und noch am Rande ein Detail, für den Fall, dass Sie gerade die Website besuchen: Das »Let's Go.« aus dem Slogan ist auch ein brillanter CTA-Button. Da »Let's Go.« ja ursprünglich mit »Lass uns gehen«, »Auf geht's« übersetzt wird, passen der Call-to-Action-Button wie auch der Slogan exakt zur Reisebranche. Punktlandung.

Meinl am Graben[12]

Schauen Sie mal, wie es Julius Meinl am Graben in Wien macht und wie Kundenansprache hier funktioniert:

> *Mitten im Herzen Wiens befindet sich Julius Meinl am Graben, kulinarisches Gesamtkunstwerk und Österreichs erste Adresse für Gourmets und Genießer. Auf drei Etagen bieten wir Ihnen hier feinste Kulinarik und Lebensart aus aller Herren Länder in unvergleichlicher Atmosphäre. Sie suchen Kaviar oder weiße Trüffeln für Ihr Risotto? Sie möchten in gepflegter Atmosphäre einen kleinen Braunen trinken oder mit einem Geschäftsfreund in stimmungsvoller Umgebung auf die gemeinsame Zukunft anstoßen? In der Mittagspause schnell ein Sushi essen oder ein unvergessliches Dinner mit Blick auf den Graben genießen?*

Direkt auf der Hompage wird die Besucherin und der Besucher nicht mit einem unspezifischen *Ich bin für dich da* willkommen geheißen, sondern Meinl positioniert sich sofort. Als Genussadresse für Gourmet-

und Weinliebhaber. Und es wird noch konkreter. Kaviar, Trüffel, Risotto, Sushi. Die Appetitanreger funktionieren. Natürlich nicht zuletzt aufgrund der appetitanregenden Bilder. Sie wissen, worauf ich hinauswill. Überlegen Sie, wie Sie Ihren Wunschkund*innen auf Ihrer Homepage begegnen möchten. Sind Ihre Formulierungen allzu freundschaftlich, wird man Ihnen auch so begegnen. Überlegen Sie, wie Sie und Ihr Laden wahrgenommen werden möchten. Als Expertin und Experte? Als Beraterin und Berater? Als Top-Verkäufer*in vielleicht?

Was mir bei Meinl auch so gut gefällt, ist die Alliteration im ersten Satz, also die Anhäufung von Wörtern mit demselben Anfangslaut. Graben, Gesamtkunstwerk, Gourmets, Genießer. Ein Blick auf die Wortwahl lässt außerdem direkt auf die Wunschkundschaft rückschließen: feinste Kulinarik – das Adjektiv hier im Superlativ –, unvergleichliche Atmosphäre, Kaviar, weiße Trüffel, Risotto. Ja, bei Julius Meinl am Graben befinden wir uns in einem High-End-Supermarkt.

Frau Hölle[13]

Falls Sie in der Kreativbranche tätig sind, ist Ihnen Tanja Cappell bestimmt ein Begriff. Und wenn nicht Tanja Cappell, dann möglicherweise Frau Hölle? Mit diesem »Nickname«, wie sie selbst sagt, ist ein großes Unternehmen mit Fokus auf Handlettering entstanden. Das Frau Hölle Studio in München bietet neben Lettering-Workshops auch Watercolor- und allerlei DIY-Seminare an. Dabei ist es für unsere Belange in erster Linie die Sprache, die auf Frau Hölles Website überzeugt. Ich darf Sie an dieser Stelle wieder dazu einladen, den »Über mich«-Text zunächst einmal zu lesen und anschließend auf sich wirken zu lassen.

> *Mein Name ist Tanja Cappell alias Frau Hölle und um eins gleich klarzustellen: Hölle ist weder mein richtiger Nachname noch ein Bezug zum biblischen Ort! Ich bin Lettering und Watercolor Artist, Coach, Bloggerin und die Gründerin des Frau Hölle Studios.*

*Ursprünglich bin ich ein Frankenkind aus Nürnberg. Nach 3 Jahren in der Narrenhochburg Köln lebe ich seit Juli 2014 mit meinem Mann Andreas, unserem Golden Retriever Toto (*2016) und unserem Sohn Ben (*2018) wieder in der bayerischen Heimat. Im Süden von München fühlen wir uns alle zwischen Bergen, Seen und Großstadt pudelwohl!*

Es geht aber noch weiter:

Warum Frau Hölle?
Ich besaß in meinem Leben schon viele Nicknames im WWW – von Schnecke, Muchacha, Locke bis Miss Tanja. Irgendwann musste eine neue Domain und erwachsenere (haha) Identität her und zu dieser Zeit wimmelte es vor Frau XYZ's im Internet. So landete ich schließlich bei Frau Holle aus dem Märchen (weil ich Schnee aus einem Kopfkissen schon immer toll fand!), aber dieser Titel hatte bei Google leider bereits unzählige Suchergebnisse. Und so kamen einfach noch zwei Punkte auf dem o hinzu und Frau Hölle war geboren! Dass ich eines Tages mit der E-Mail-Adresse frauhoelle@ einmal bei einem katholischen Pfarrer für einen Termin zum Traugespräch anfragen würde, war mir zu diesem Zeitpunkt noch nicht klar… ;)

Wenn Sie sich noch an das Kapitel Storytelling aus diesem Buch erinnern können, liefert dieses Beispiel vermutlich die Antwort auf die Frage: Wie erzähle ich Interessent*innen am besten meine Geschichte? Eine Antwort wäre: So! Ob Sie auch Interjektionen wie »haha« oder »oho« und Smileys einbauen möchten, ist gar nicht das Thema. Das können Sie tun oder auch lassen. Der Punkt ist, dass sowohl der »Über mich«-Text als auch der Webtext über die eigene Story deshalb so gut ankommt, weil beide an Authentizität nicht zu übertreffen sind.

Zum Schluss der »Über mich«-Seite beantwortet uns Frau Hölle noch die selbst gestellte Frage, ob sie denn auch blogge. Die Antwort auf die Frage ist gleichsam auf den Punkt gebracht wie gekonnt getextet, weil Frau Hölle in ihrer Antwort einerseits ihren Expertenstatus untermauert und sich andererseits als Pionierin des Bloggens beschreibt:

> *Bloggst du auch?*
> *Vor 10 Jahren führte ich bereits mein erstes halb öffentliches Live-Journal, als Blogs noch kein Mensch kannte. Ja, ich war dabei, als Anna Frost, Sabrina und Jenna im Fashion-Forum von glamour.de ihren Anfang hatten! Damals führten wir alle ein tägliches Style Diary. Daraufhin folgte 2007 mein erster Schreib-Blog über meinen Aufenthalt in Neuseeland. Als Instagram in Mode kam, wagte ich mich an einen Tumblr, den ich automatisch mit Bildern füttern konnte. Und als Instagram als Bilder-Plattform immer hipper wurde, traute ich mich an meinen ersten, eigenen, »richtigen« Blog auf www.frauhoelle.com (2013). Darin berichtete ich zum damaligen Zeitpunkt vor allem über Mode, Make-up, Reisen & Co (und hin und wieder erste Letteringversuche!). Seit ich Ende 2015 meinen Onlineshop auf der Website einführte, ist der Blog eher Nebensache und wird nur noch hin und wieder von mir mit Produktempfehlungen, Tutorials oder Reiseberichten gefüllt.*
> *... und wenn du jetzt noch mehr über mich wissen möchtest, schau am besten in meinem Alltag in der täglichen Instagram-Story vorbei!*

Zum Schluss lenkt Frau Hölle ihre Website-Besucher*innen direkt auf Instagram weiter und formuliert das, wie Sie vermutlich ohnehin bemerkt haben, im Imperativ: »Schau am besten in meinem Alltag in der täglichen Instagram-Story vorbei!«. Wir haben zuvor im Buch sehr ausführlich darüber gesprochen, wie sich die Kundenansprache im Laufe der Jahrzehnte spürbar gewandelt hat und wie sehr die Höflichkeitsformeln ausgedient haben. Denn ganz ehrlich: Könnten Sie sich vorstellen, dass hier steht: *Dürfte ich dich einladen, auf meinem Instagram-Alltag vorbeizuschauen? Ich würde mich wahnsinnig freuen, dir Bilder aus meinem täglichen Leben zeigen zu können.* Das liest sich *komisch*. Komisch deshalb, weil wir diese Sprache nicht mehr gewöhnt sind. Was uns mittlerweile hingegen überhaupt nicht mehr komisch vorkommt, ist, dass uns alle möglichen Leute alle möglichen Befehle vor den Kopf knallen und wir noch brav Gehorsam leisten! Nicht in böser Absicht und nicht mutwillig, sondern – ich lehne mich jetzt einmal weit aus dem Fenster – weil wir es als Kund*innen so wollen, zumindest diese Befehlsform akzeptiert haben und scheinbar in unserem Leben so eingespannt sind, dass wir anders gar nicht mehr reagieren. Schau dorthin! Klicke hier! Melde dich da an! Kaufe noch jetzt! Scrolle hinunter! Es ist, als könnten wir ohne die ständigen Befehle gar nicht mehr. Man könnte noch ein bisschen tiefer in die Thematik eintauchen und sich fragen: Was würde denn passieren, wenn wir zu einer höflicheren Kundenansprache zurückkehren? Würden wir weniger Kund*innen für uns gewinnen? Würden wir Interessent*innen gar damit abstoßen? Entscheiden Sie gerne selbst. Frau Hölle macht es in jedem Fall richtig, sich der gängigen Form anzuschließen und ihren Website-Besucher*innen direkt und ohne Umwege zu sagen, wo's langgeht!

Warum Frau Hölle auch als Gesamtpaket den Weg in dieses Buch gefunden hat, liegt daran, dass sie neue Inhalte unter anderem über ihren Blog generiert. Sie wissen bereits, dass es Suchmaschinen sehr schätzen, wenn Webauftritte keine starren Konstrukte bleiben, sondern sich regelmäßig ändern. Wenn Sie selbst für sich überlegen, einen Blog auf Ihrer Website zu integrieren und die Zeit für das regelmäßige Texten aufbringen können, dann lege ich Ihnen Frau Hölle auch für diesen Bereich ans Herz. Hier ein längerer Ausschnitt ihres ersten Blog-Beitrags aus dem Jahr 2021:

Nach meiner persönlichen Review des Jahres 2020 möchte ich in diesem Blogbeitrag den Blick nach vorne richten auf das Jahr 2021, einige meiner privaten und beruflichen Ziele mit euch teilen und euch meine neue Art/Methode von »Neujahrsvorsätzen« vorstellen. 2021 startet für mich auf jeden Fall mit einer großen Portion Hoffnung, Zuversicht und positiver Energie, denn alle Sorgen und Belastungen aufgrund der andauernden Pandemie und des 2. Lockdowns habe ich bewusst hinter mir gelassen (auch wenn sie natürlich immer noch real sind). Außer-

dem erwarten wir im Januar unseren 2. Nachwuchs, und was könnte es Schöneres als ein (hoffentlich gesundes) Baby aus dem 1. Corona-Lockdown geben, um den weiteren Ängsten/Einschränkungen durch die Pandemie hoffnungsvoll zu begegnen …? Das #Cappelletti2021 wird das Jahr 2021 auf jeden Fall maßgeblich bestimmen und durch seine Geburt für immer zu etwas Besonderem machen.

Doch was ist abgesehen von unserer größten Aufgabe als Eltern 2021 meine persönliche Zielsetzung? Immerhin bin und bleibe ich trotz 2-facher Mama auch immer noch Frau und Unternehmerin (wenn auch mit veränderten Zeitkapazitäten), und als solche habe ich mir die letzten Wochen viele Gedanken über meine privaten und beruflichen Wege und Wünsche für 2021 gemacht. Die Ergebnisse habe ich (wie so oft) in Form von losen Listen festgehalten, die meine Gedanken dokumentieren und mir immer wieder einen Zugriff darauf ermöglichen. Einige Eckpunkte beziehungsweise Beschlüsse bereite ich jedoch zusätzlich noch mit speziellen Methodiken auf, um sie zu festigen und 365 Tage lang omnipräsent zu haben (siehe weiter unten).

Was habe ich mir 2021 privat vorgenommen?

Als Tanja und »Frau Hölle« (also Künstlerin und nicht Geschäftsführerin des Frau Hölle Studios) möchte ich 2021 vor allem wieder bewusster leben und bewusstere Entscheidungen treffen. 2020 ist viel »on the go« passiert, ohne auf mein inneres Bauchgefühl zu hören oder in Ruhe alle Möglichkeiten zu reflektieren. Aus dieser »reaktiven Spirale« möchte ich nun ausbrechen, um weniger, aber dafür nachhaltiger zu machen. Und meinen eigenen Weg nicht aus den Augen zu verlieren. Denn allzu schnell passiert es uns allen, dass wir vor allem durch Social Media zu Handlungen und Inhalten getrieben werden, nur um entweder der/die Erste oder »auch mit dabei« zu sein. Social Media beziehungsweise ganz konkret Instagram ist für mich aufgrund der Entwicklungen 2020 (von der App selbst, aber auch von ihren Usern) mittlerweile ohnehin ein rotes Tuch und wird 2021 sowohl privat als auch beruflich Stück für Stück reduziert beziehungsweise ersetzt. Allzu oft habe ich mich über fehlerhafte/veränderte Funktionen (ich sage nur Livestream-Zuverlässigkeit ...), exponentiell wachsende Hobby-Influencer und respektlose Meinungsmacher geärgert – diese Energie möchte ich 2021 anderweitig investieren. Vielleicht inspiriere ich euch mit meiner Maßnahmen-Liste ja auch zu mehr Lebensqualität durch weniger Instagram?

Ganz schön lang, ich weiß. Aber das Lesen lohnt sich. Und das ist tatsächlich noch nicht einmal annähernd die Hälfte des Blog-Texts. Ich gehe davon aus, dass er jetzt, wo Sie dieses Buch in Händen halten, noch online ist. Wenn Sie möchten, lesen Sie gerne da weiter. Ich habe aber bewusst so viel zitiert. Denn im Gegensatz zu der Firma, die ich im nächsten Kapitel vorstelle und bei der eine rhetorische Meisterleistung die nächste jagt, überzeugt Frau Hölle in ihren Botschaften durch Klarheit, Persönlichkeit, Herzlichkeit und Authentizität und schafft es gleichzeitig, bei all der aufgebauten Nähe Professionalität zu wahren. Mit ihren Erfahrungen im Lockdown trifft Frau Hölle viele Leser*innen wahrscheinlich mitten ins Herz. Denn viele von uns haben gelitten, hatten Angst, schoben Panik. Jedenfalls anfangs. Sie erzählt in ihrem gekonnten und gewohnten Storytelling-Stil über die bevorstehende Geburt ihres zweiten Kindes (Anmerkung: Tanjas zweiter Sohn kam mittlerweile zur Welt) und wie sehr sie den Drang verspürt, sich von ihrem Kanal auf Instagram etwas zurückzuziehen oder sich jedenfalls ein bisschen neu auszurichten. All das beschreibt sie unheimlich glaubwürdig und verständlich. Man möchte direkt kopfnickend weiterlesen. Gerade für Personen, die gerade gründen oder schon länger selbstständig sind, ist dieser Blog-Beitrag von Frau Hölle in zweierlei Hinsicht wertvoll:

Erstens natürlich aufgrund der Sprache. Mit diesem Beitrag möchte ich zeigen, dass es beim Schreiben eines Blogs nicht auf eine hochgestochene, abgehobene oder allzu anspruchsvolle Sprache ankommt. Die Wirkung steht im Vordergrund beziehungsweise der emotionale Bezug zu den Leser*innen. Dieser kann am leichtesten aufgebaut werden, indem sich der Autor der Sprache seiner Website-Besucher anpasst. Also in diesem Fall eine möglichst einfache Sprache wählt.

Zweitens aufgrund der unternehmerischen Erfahrungen, die Frau Hölle mit uns teilt. Ich gestehe, ich kann tatsächlich viele ihrer Erfahrungen nachfühlen. Damit meine ich jetzt gar nicht die Auswirkungen der Covid-19-Pandemie, sondern ihre nicht immer positiven Erfahrungen mit sozialen Medien, insbesondere mit Instagram. Für Gründer*innen und Selbstständige ist das deswegen von Bedeutung, weil uns einerseits aufgezeigt wird: Schaut her, das kann passieren; und uns gleichzeitig verdeutlicht wird: Man darf sich, auch wenn man schon länger und sehr erfolgreich selbstständig ist, immer wieder neu erfinden. Man darf seinen Stil ändern, man darf Dinge lassen, die nicht mehr zu einem oder zur Marke passen. Man darf sich Neuem öffnen, und vor allem: Man darf nicht vergessen, immer wieder in sich hineinzuhören und zu fragen: Wo will ich hin?

Frau Hölle schließt ihren Blog-Beitrag, indem sie ihr Leitwort des Jahres 2021 vorstellt: Veränderung. Auch, wenn Marken im Wandel eigentlich nicht einmal am Rande Gegenstand dieses Buches sind, so scheint es mir doch derart bedeutsam, dass ich allen Gründer*innen und Selbstständigen diese wichtige Erlaubnis mit auf den Weg geben möchte:

Mein Unternehmen darf sich immer wieder weiterentwickeln.

Joseph Brot[14]

Im Gegensatz zur Künstlerin und Visionärin Frau Hölle finden Sie bei Joseph Brot nicht nur kulinarische Leckerbissen. Es sind vor allem die rhetorischen Schmankerln, wie man in Österreich und in Bayern so schön sagt, weswegen ich Ihnen Joseph Brot zur Inspiration für Ihre eigenen Businesstexte gerne vorstellen möchte.

Wenn ich heute, an einem Tag Anfang des Jahres 2021, die Website www.joseph.co.at/de öffne, gelange ich auf eine Homepage, die mich sowohl optisch als auch inhaltlich sofort anspricht. Was unmittelbar auffällt, ist die Schreibweise des »f« als »ph« im Logo. JOSEPH BROT VOM PHEINSTEN heißt es da in Großbuchstaben. Und dann der Titel gleich links oben in der ersten Spalte, ein Volltreffer: »Nie den Biss verlieren«. Und weiter rechts, ein Bild, das einen am liebsten in den Bildschirm springen lassen würde: Patisserie, vom Pheinsten natürlich. Und einer Überschrift, die mich neugierig macht:

Das Leben besteht nicht nur aus Regenbögen und Einhörnern.

Nicht? Woraus denn dann? Ich bin gespannt und lese weiter:

Manchmal besteht es auch aus Törtchen, Schnitten oder Kuchen. Und die werden bei uns jeden Tag frisch zubereitet. Natürlich mit viel Liebe und aus den besten Zutaten. Aber das versteht sich für uns eigentlich fast schon von selbst.

Für mich eigentlich auch. Und jetzt die großartige Überleitung:

Was sich vielleicht nicht von selbst versteht, ist aber, dass wir uns manchmal auch neu erfinden. Jedenfalls wird in unserer Backstube immer an neuen Kreationen gearbeitet, die die klassischen österreichischen Mehlspeisen in ein neues Licht rücken und in neuem Glanz erstrahlen lassen.

Saisonalität ist dabei für uns ein ganz, ganz großes Thema. Denn wir wollen für unsere Patisserien nur die Zutaten verwenden, die gerade reif sind und am besten schmecken. Nur so wird jeder Biss eine Sünde wert.

Sind Sie überzeugt? Ich gestehe, ich schon. Auf joseph.co.at/de löst ein rhetorischer Knaller den nächsten ab. Und wenn Sie jetzt vielleicht denken: Das schaffe ich nie, dann lassen Sie mich noch kurz einhaken. Hier sind natürlich Profis am Werk, die kein Wort dem Zufall überlassen. Ich übertreibe vielleicht, wenn ich sage, dass die sich Tag und Nacht mit nichts anderem beschäftigen. Aber Sie wissen, worauf ich hinauswill. Es ist nicht der Anspruch, genau *solche* Texte zu kreieren. Aus der 3-Faktoren-Formel wissen Sie ja, dass sich kundenwirksame und authentische Texte an der Wunschkundin und am Wunschkunden genauso wie an den Firmenwerten orientieren. Und ich wage zu behaupten, dass Ihre Firmenwerte und Ihre Wunschkund*innen andere sind als jene von Joseph Brot. Dennoch ist der Werbeagentur hier eine rhetorische Glanzleistung gelungen. Und das sollte auch als solche anerkannt werden. Denn nur, weil man Texter*innen beauftragt, heißt das noch lange nicht, dass dann solche Webtexte dabei herauskommen (auch, wenn das wünschenswert wäre). Machen Sie sich keinen Druck. Ich habe es schon einmal früher in diesem Buch erwähnt: Lernen Sie von den Guten. Und jetzt lehnen Sie sich zurück und genießen noch ein paar sprachliche Leckerbissen:

DIE MEISTEN PROBLEME SIND ZUCKERLÖSLICH
Deswegen helfen unsere Patisserien gegen Liebeskummer genauso wie gegen Stress mit dem Chef. Nur bei Figurproblemen sind sie zugegebenermaßen nicht besonders effizient. Aber darüber sollte man auf keinen Fall nachdenken, wenn man vor einer Vitrine mit wunderschönen Kuchen, Schnitten und Törtchen steht. Sondern eher darüber, dass hier nur die besten Zutaten und saisonales Obst verwendet werden. Ohne Kompromisse!

An dieser Stelle möchte ich eine kurze Analyse einschieben und die Wirkung der Rhetorik erklären. Denn klar ist es einfach, sich hinzustellen und zu sagen: Seht alle her, so wird's gemacht! Ich halte es für seriös, zumindest kurz auch zu erläutern, wieso das, was wir hier lesen, so gut ankommt. Aus vorigen Teilen des Buches ist bekannt, dass rhetorische Figuren einen Wirkungsmechanismus haben. Ich habe erwähnt, dass gerade Werbung von Stilmitteln lebt. Eine gewünschte Wirkung, beispielsweise von Reimen, ist, dass wir als Kund*innen oder Konsument*innen uns Reime leichter merken als ungereimte Sätze. Und Werbung strebt ja einen hohen Wiedererkennungswert an.

Was im Titel »Die meisten Probleme sind zuckerlöslich« gemacht wurde, ist zunächst ein Wortspiel: Das Adjektiv »löslich« deutet an, dass es zwei Formen von Lösungen gibt, eine von Zucker in Flüssigkeit und eine Lösung für Probleme. Dann wird eine Behauptung aufgestellt, die einerseits neu ist und einen Aha-Effekt auslöst und andererseits auf zwei altbekannte Thesen zurückgreift. Die erste lautet: Es gibt für jedes Problem eine Lösung. Die zweite: Süßes tut der Seele gut. Beide Aussagen werden miteinander verknüpft. Und was somit in der Folge mitschwingt, ist: Wenn ich Patisserie von Joseph Brot esse, sind alle Probleme verflogen beziehungsweise gelöst. Aufgelöst in Zucker. Sie sind ja zuckerlöslich.

Vorsicht! Es wird noch genialer. Joseph Brot erklärt der Kundin und dem Kunden direkt, wann seine Patisserie denn wirkt. Bei Stress und Liebeskummer nämlich. Und macht damit seine Zielgruppe gleich einmal riesengroß. Ich glaube, wenn wir eine kurze Umfrage starten und fragen würden, wer gerade Liebeskummer oder Stress hat, würden neun von zehn Personen antworten: Ja, ich! Und für all jene, die dem Zucker abgeschworen haben, folgt direkt der Nachsatz: Aber wir verwenden doch nur die »besten Zutaten und saisonales Obst«. Kommt also fast einem Smoothie gleich. Und nein, es werden nicht nur einfach gute Zutaten verarbeitet, sondern die besten überhaupt. Der Superlativ gepaart mit dem gesunden Zusatz zum Abschluss lässt keine Zweifel offen.

Zum Thema Mittagessen hat sich Joseph Brot übrigens auch noch etwas einfallen lassen:

> *»ZUSAMMEN ISST MAN WENIGER ALLEIN«*
> *Darum kann man die Köstlichkeiten vom Joseph nicht nur zu Hause genießen, sondern auch in bester Gesellschaft in unseren Bistros in der Landstraßer Hauptstraße und am Albertinaplatz. Vom Frühstück über das Mittagessen bis zum Abendessen werden Ihre Geschmacksknospen verwöhnt.*
>
> *Bei uns ist jeder herzlich willkommen – nur die Langeweile hat in Josephs Bistros nichts zu suchen: neben einer fixen Karte gibt es eine Wochenkarte und viele täglich wechselnde Gerichte, zu denen wir uns je nach Saison inspirieren lassen. Natürlich kommen auch in der Küche unserer Bistros nur die besten Produkte und ausgewählte Zutaten – wenn möglich aus der Region – zum Einsatz. Und ja, alle Speisen gibt es selbstverständlich auch zum Mitnehmen!*
>
> *Unsere Bistros sind Nichtraucherlokale – wenn es das Wetter zulässt, haben wir aber einen schönen Gastgarten direkt vor der Tür. Außerdem wichtig: wir können in unserem Bistro leider keine Reservierungen entgegennehmen!«*

Unter dem Titel »Die Liebe zum Genuss hat einen Namen« führt Joseph Brot die Besucher*innen seiner Website in die Entstehungsgeschichte des Unternehmens ein. Auch hier setzt man darauf, ein bekanntes Sprichwort abzuändern und so Erstaunen auszulösen.

> *Josef Weghaupt hat das perfekte Brot gesucht und nicht gefunden. Dafür aber einen Bäckermeister, mit dessen Hilfe das erste Joseph Brot gebacken wurde. Wie viele danach noch folgen würden, hat zu dem Zeitpunkt aber noch niemand geahnt.*

Das Spiel mit Redewendungen zählt im Bereich der Rhetorik mit Sicherheit zur Königsklasse. Und weil dem so ist, freue ich mich, Ihnen ein paar weitere solcher Schmankerln vorstellen zu dürfen. Joseph Brot setzt in seinem Markenimage auf Natürlichkeit. Das ist recht schnell klar, wenn man Anspruch und Zielgruppe kennt. Wie genau es Joseph Brot mit der Natürlichkeit nimmt, lesen Sie hier:

> *NATÜRLICH HABEN WIR EINE PHILOSOPHIE: NATÜRLICHKEIT*
> *Und diese Philosophie zieht sich natürlich durch alle Bereiche von Joseph Brot. Das beginnt mit der Auswahl der richtigen Zutaten, die natürlich alle 100 % biologisch sein müssen, und reicht bis zur Verarbeitung. Die erfolgt bei uns natürlich ausschließlich nach traditionellen Rezepten, die wir aber natürlich hie und da ein wenig in die Neuzeit transportieren. Was wir aber garantiert nicht verändern werden, ist die Liebe zum Handwerk. Denn wer das beste Brot und Gebäck herstellen will, muss natürlich auch seine Hände einsetzen.*
>
> *Das alles gilt übrigens nicht nur für die Backstube, sondern natürlich auch für die Küche! Denn wir wollen das beste Brot der Stadt backen, das frischeste Essen von ganz Wien auf den Teller bringen und mit unseren Patisserien ein Lächeln auf die Gesichter zaubern.*
>
> *Übrigens: in diesem Absatz stand sechsmal das Wort »natürlich«. Mit voller Absicht. Denn von Natürlichkeit kann man unserer Meinung nach nie genug bekommen.«*

Beim letzten Zitat möchte ich Sie gern mitraten lassen. Mit welcher Redewendung wird hier gespielt? »Dieses Bild sagt keine 1000, sondern 6 Worte: wir freuen uns auf Ihren Besuch.« Haben Sie's erkannt? Ich denke schon.

Einziger Wermutstropfen: Nach einem Doppelpunkt schreibt man groß weiter, wenn ein vollständiger Hauptsatz folgt. Bis zur Veröffentlichung des Buches hat das aber Joseph Brot bestimmt jemand geflüstert.

GEA/Waldviertler[15]

Die Firma GEA/Waldviertler, seit 1984 Hersteller von Schuhen und Möbeln im österreichischen Waldviertel, beziehungsweise im konkreten Wortlaut GEA Mama eG in Liqu., ist vielen auch außerhalb der nationalen Grenzen als Schuhmanufaktur für gesunde Füße ein Begriff. In der Presse wird Geschäftsführer Heinrich »Heini« Staudinger gerne auch als Schuhrebell bezeichnet. Ein Begriff, der nicht von ungefähr kommt. Auch wenn GEA in diesem Buch nicht wegen seiner hochwertigen Schuhe, sondern wegen des einzigartigen Storytellings Erwähnung findet, lohnt sich ein kurzer Blick hinter die Firmengeschichte. Denn diese verbindet die beiden Faktoren gekonnt miteinander: Heini Staudingers Mission und die Geschichte dahinter. Das beginnt schon beim Titel – allegorisch und Neugierde weckend:

Grenzenlos glücklich, absolut furchtlos, immer in Schwierigkeiten.

Die Leserin und der Leser fragt sich sofort, was da jetzt kommen mag. Und merkt, dass hinter dem Titel wesentlich mehr steckt als eine Geschichte darüber, wie hochwertige Schuhe hergestellt werden. Wenn eine Schuhmanufaktur mit dem Stabreim *grenzenlos glücklich* titelt, und in der Folge: *absolut furchtlos, immer in Schwierigkeiten*, dann weiß man, hier hat jemand etwas zu sagen. Sehr viel sogar. Hier ist jemand als Grenzgänger unterwegs (*immer in Schwierigkeiten*). Und man merkt auch, hier erzählt jemand (s)eine Geschichte. Eine verdammt gute. Den hier mit Zustimmung der Geschäftsleitung von GEA abgedruckten Text (Anmerkung: im Original übernommen – inklusive etwaiger Zeichen-, Grammatik-, und Rechtschreibfehler) finden Sie im Übrigen auch online auf der firmeneigenen Website, konkret unter *Unternehmen/Eine bewegte Geschichte*. Ich zitiere weiter:

»Es bleibt dabei – das wichtigste im Leben ist das Leben.«

Großartig. Oder? Wie oft wurden Sie schon gefragt, was das Wichtigste im Leben sei? Oder wie oft haben Sie sich diese Frage selbst schon gestellt? Und möglicherweise um Antworten gerungen. Was ist das Wichtigste im Leben? Die Antwort ist so klar wie simpel. Das Wichtigste im Leben ist natürlich (!) das Leben selbst. Und schwups, schon hat man uns emotional erwischt. Wir können uns in der Sekunde mit dem Text identifizieren. Und sind nun noch neugieriger geworden. Wer ist dieser Heinrich Staudinger, dass der so viel über das Leben weiß? Und wieso erzählt er uns das, wo er doch im Grunde Schuhe herstellt? Wir sind gespannt und lesen weiter:

> *Wirtschaft soll uns lediglich helfen, das Leben einfacher zu meistern. Wir sind nicht auf die Welt gekommen, um Geld zu vermehren, sondern um zu leben. Dabei kann es natürlich sehr hilfreich sein, die verschiedenen Bereiche gut zu organisieren. Essen, Wohnen usw. – wir fühlen uns zuständig für Schuhe und Betten, für Möbel und Taschen.*

Hier ein kurzer Stopp. An dieser Stelle in der Firmengeschichte fällt das erste Mal das Wort »wir«. Wer ist dieses Wir? Das ist GEA. Es ist ausgesprochen interessant, wie hier auf die Produkte eingegangen wird. *Wir fühlen uns zuständig.* Auch diese Begriffswahl ist hochgradig emotional besetzt. Wir lesen nicht: Wir fertigen Schuhe und Möbel. Oder: Bei uns können Sie hochwertige Schuhe und Möbel erwerben. Oder: GEA produziert Schuhe und Möbel. Nein, wir lesen, dass sich GEA für Schuhe und Möbel *zuständig fühlt.* Sogar *fühlt,* nicht nur ist. Was das aussagt? Die logische Schlussfolgerung wäre: Hier freut sich jemand, dass er meine Schuhe per Hand herstellen kann. Wow.

> *Wie sich der ganze Zauber entwickelt hat, findest du in der hier startenden Geschichte.*
>
> *1980*
> *Los geht's: 1. Autostopp nach Dänemark, 2. Ladensuche, 3. Geldbitte!*

Heini Staudinger beendet sein Medizinstudium, fährt Autostopp nach Dänemark und bestellt Earth Shoes um 300 .000 Schilling, obwohl er kein Geld hat. Da ruft er viele Freunde an, die ihm in lauter kleinen Portionen das nötige Geld borgen. Kurz darauf eröffnet er kein Bankkonto, dafür aber den ersten GEA-Laden in der Lange Gasse im 8. Wiener Gemeindebezirk. Der Laden geht vom Fleck weg ganz gut. Nach einem knappen Jahr begreift auch Heini den Komfort eines Bankkontos.
GEA Shop 1980

1982
Mr. Hulkower kommt aus New York. Er will Geld.
Ein gewisser Mr. Hulkower kommt aus New York daher und behauptet, er hätte die weltweiten Markennutzungsrechte auf den Namen Earth Shoes erworben. Wir müssten ihm ab sofort für den Verkauf der Earth Shoes Lizenzgebühren zahlen. Da dachten wir uns: »Earth« ist für deutsche Zunge gar nicht so leicht auszusprechen. Da viele Marken Namen griechischer Götter tragen, findet Heini im Griechisch-Lexikon die GEA, die Göttin der Erde, Mutter Erde (die GEA steckt auch in den deutschen Wörtern Geographie oder Geologie). Damit war Schluss mit der Marke Earth Shoes, seither ziert der Name GEA unsere Läden.

1983
Auf die Knie! Aufrechte Körperhaltung durch Kniestühle
Dort und da tauchen die so genannten Balans-Stühle auf. Diese Stühle begünstigen die aufrechte Haltung der Wirbelsäule, so ähnlich wie der Minusabsatz der Earth Shoes. Für den Möbelhandel waren diese Stühle ein Fremdkörper. Während bei uns die aufrechte Körperhaltung ein Hauptthema war. Für den Möbelhandel war es eine Riesenüberraschung, dass wir, die kleinen Schuhhändler, tausende von diesen Stühlen verkaufen konnten.

1984
Gründung der Waldviertler Schuhwerkstatt. Die falsche Frage.
Wir sagten: Weil so viele Schuhfabriken zusperren ist es Zeit eine zu gründen. Hätten wir gefragt, warum so viele Schuhfabriken zusperren, hätten wir nie gründen dürfen.
Die Waldviertler Schuhwerkstatt wird im Orwell-Jahr unter Sozialminister Dallinger als selbstverwalteter Betrieb gegründet. Von allem Anfang an sind die GEA-Geschäfte und die GEA-Partnergeschäfte ihr wichtigster Kunde. Ihr erstes und wichtigstes Ziel ist es, Arbeitsplätze in der Krisenregion Waldviertel zu schaffen.

[...] 1997
Das Geld ist weg! Was nun?
Es war immer so – während die Waldviertler konsequent um's Überleben kämpften, passierten bei GEA einige schwerwiegende Fehler. Fazit: Das Geld war weg. Nachdem vorher die Werbeexperten die teuersten Leute im GEA Universum waren entstand die Idee, diese einzusparen und es selber zu versuchen.
Nun ist es so: Werbung ist ein Ärgernis in unserem Alltag. Wenn wir aber dennoch werben müssen, dann möchten wir – als Dank für die Beachtung – auch Brennstoff für Herz und Seele mitliefern. 1997 glückt Heini mit dem unglaublich kreativen Architekten Didi Koll das erste GEA-Album. Wir ahnten damals noch nicht, wie beflügelnd dieses Kommunikationsbündnis für beide Firmen werden würde.

[...] 1999
Wichtigstes Ziel: Bankenunabhängigkeit.
Die Bank kürzt den Rahmen. Völlig unverständlich. Unverständlich deshalb, weil wir im Jahr '99 ein vierzigprozentiges Umsatz-Wachstum vorweisen konnten und es zeichnete sich deutlich auch eine solide Gewinnfähigkeit ab, als wir zu einem Bankgespräch vorgeladen wurden. Wir wollten eine Begründung, warum denn unser Kreditrahmen gekürzt werden solle. Da machte sich der Herr Bankdirektor

über uns lustig. Er sei uns keine Begründung schuldig. Das war der Startschuss zur Bankenunabhängigkeit. Denn ab diesem Augenblick gab es kein wichtigeres Ziel mehr, als von den Banken unabhängig zu werden. In unserer Phantasie hieß das Ziel schuldenfrei zu werden.

2003
Alles bezahlt!
Im Jahr 2003 war es so weit: Wir waren fast schuldenfrei. Die ganz normalen Vermögenswerte eines normalen Unternehmens der Realwirtschaft steckten immer im Warenlager und im Firmengebäude. »Dank« der neuen Bankregularien galt ein Warenlager gar nichts mehr für die Besicherung eines Kredites, ein Betriebsgebäude in der Krisenregion Waldviertel fast gar nichts. Somit wurden die Banken zu Krisenverstärkern.

2003
Heilung und Kraft durch den GEA Sparverein
Mit normalem Hausverstand (österreichisch für: gesunder Menschenverstand, Anm. d. Red.) war es sonnenklar, dass unsere Warenlager und Gebäude wichtige Werte verkörperten. In diesen Werten sahen wir eine hohe Bonität. Auf dem Boden dieser Bonität fragten wir zuerst Freunde und Verwandte, ob sie nicht einen Teil ihrer Ersparnisse bei uns in der Firma einlegen möchten. Es ging los in kleinen Portionen.

[...] In den folgenden Jahren passiert ebenfalls viel Spannendes, wenn es Sie interessiert, lesen Sie es gerne im Detail nach auf https://gea-waldviertler.de/unternehmen/geschichte/heute
Und jedem Anfang wohnt ein Zauber inne

*Heute beschäftigen wir in den Waldviertler Werkstätten rund 170 Mitarbeiter*innen. 2016 erzielten wir einen Jahresumsatz von knapp 19 Millionen Euro. Mehr als 70% unserer Produkte verkaufen wir über die 55 GEA-Läden in Österreich (34), Deutschland (20) und in der Schweiz(1).*

> *Von diesen 55 GEA-Läden betreiben wir 23 selber, 22 werden von selbstständigen Partnern betrieben. Außerdem vertreiben mehr als 150 Schuhhändler in Österreich und Deutschland unsere Waldviertler-Schuhe.*
>
> *Gelebt wird immer nur JETZT. Entscheidend ist der Augenblick. Im JETZT lebt das Leben. Jedes noch so große Reiseziel braucht den ersten Schritt und auch all die nächsten Schritte immer nur im JETZT.*

Am Ende dieser Beschreibung zitieren sie noch so wunderbar Hermann Hesses Gedicht »Stufen« und einen Augenblick lang ist man geneigt, innezuhalten. Dieser Text hat Potenzial zum Nachwirken. Das tut er. Möglicherweise grübeln Sie jetzt und wundern sich, ob das nicht alles ein bisschen zu politisch ist. Natürlich ist es das. Dazu eine kurze Anekdote: Letzte Woche läutete mein Telefon, also das Handy natürlich. Am Apparat war ein Firmen-Coach, der mich für meine Website über den grünen Klee lobte, mich aber gleichzeitig auf einen – seiner Meinung nach – großen Fehler aufmerksam machen wollte. Und zwar gibt es bei mir derzeit folgende Formulierung auf meiner Homepage: *Hey, ich bin Cornelia! Lektorin unter anderem vom Kanzlermacher Philipp Maderthaner und seinem ersten Buch »Alles wird gut«*. Frau Czaker, so der Firmen-Coach, der Begriff »Kanzlermacher« ist aber doch sehr gewagt, meinen Sie nicht? Das Wort könnte Kund*innen kosten! Ich sag nur, Kanzler! Ich wurde stutzig. Mir war freilich bereits vor dem Telefonat bewusst, dass das Wort »Kanzlermacher« möglicherweise aufhorchen lässt und möglicherweise findet es auch nicht jeder toll. Mein Ansatz ist aber: Man muss es nicht jedem recht machen. Muss man deshalb nicht, weil es auch gar nicht möglich ist. Die definierte Wunschkundin, der definierte Wunschkunde meiner Firma Schreibamt muss sich nicht mit dem *Kanzlermacher* identifizieren können, aber meine Wunschkund*innen können zwischen meiner Leistung als Lektorin und Texterin und meiner politischen Gesinnung differenzieren. Wenngleich ja dieser Auftrag rein gar nichts mit Politik zu tun hatte. Der Hinweis war ja, es könnte, fälschlicherweise natürlich, ein Konnex hergestellt werden, der so nicht existiert. Langer Rede kurzer Sinn: Ob Sie als Gründer*in auch gesellschaftspolitisch tätig sein dürfen, ob Sie sich zu politischen Themen äußern sollen oder nicht, ob Sie Vereine und Organisationen öffentlich unterstützen möchten oder nicht, all das ist einerseits pauschal schwer zu beantworten und hängt zudem immer davon ab, wen Sie fragen. Argumente werden Sie für beide Antworten finden. Schauen Sie vielleicht auf Ihre Firmenwerte und fragen Sie sich, ob eine gesellschaftspolitische Äußerung, Einmischung, was auch immer, mit den Werten Ihrer Firma vertretbar wäre. Gerade auch für das Bespielen von Social-Media-Kanälen ist es wichtig, diese Frage vorab zu beantworten. Da dieser Bereich aber außerhalb meiner Expertise liegt, möchte ich an dieser Stelle auch nicht weiter darauf eingehen und empfehle im Falle von Unsicherheiten, sich mit einer Expertin, einem Experten zu beraten. Aber so wie es im Leben nun einmal ist, werden Sie es auch als Gründer*in nicht allen recht machen können. Sie werden Leute treffen, die nichts von Ihrem Produkt halten, denen Ihr Produkt nicht schmeckt, die Ihre Dienstleistung für verzichtbar halten oder Ihr Angebot als uninteressant einstufen. Das ist in Ordnung. Solange Sie genügend andere Kund*innen haben, die das Gegenteil behaupten.

Um jetzt noch einmal den Bogen zurück zu GEA zu spannen. Diese Firmengeschichte ist ein Paradebeispiel für gelungenes Storytelling. Die Faktoren Emotion und Identifikation sind zur Gänze erfüllt. Die Leserin, der Leser ist neugierig, erwartet mit Spannung, was kommt, möchte mehr erfahren. Die Leserin, der Leser kann sich identifizieren und wird im Herzen berührt. Wenngleich sich Heini Staudinger vermutlich niemals als Opfer dargestellt hat, so kann er dennoch als jemand wahrgenommen werden, der auf seine individuelle Art und Weise ein Schwimmer gegen den Strom ist. Und insgeheim wissen wir alle, dass es in unserer Gesellschaft mehr von diesen Leuten braucht, die Mut über Angst, Durchsetzungskraft über Anpassung und Liebe über Hass stellen. Während ich diese Zeilen schreibe, fällt mir Greta Thunberg ein. Auf diese außergewöhnliche Person näher einzugehen, würde den Rahmen sprengen und vom Thema abweichen. Aber eines steht fest:

Die Geschichten von einzigartigen Persönlichkeiten werden meist auch einzigartige Storys.

Sollten Sie gerade ein bisschen auf der Website von GEA stöbern, sind Sie vielleicht unter *Engagement* auf *Eine wirkliche Weihnachtsgeschichte* gestoßen. Lesen Sie gerne dort nach, was Unglaubliches geschehen kann, wenn Menschen bereit sind, etwas zu geben.

Campaigning Bureau[16]

Philipp Maderthaner und sein Campaigning Bureau sind zwar in ihrer Firmen-DNA keine ursprünglichen Blogger beziehungsweise sind sie das vielleicht am Rande auch. Das Team rund um Philipp Maderthaner setzt den Fokus vielmehr auf erfolgreiche Kampagnen. Das Campaigning Bureau wird an dieser Stelle dennoch als Paradebeispiel für erfolgreiches Bloggen angeführt und das hat einen Grund. Und der heißt: Mehrwert für Leser*innen.

Der Unternehmer, Kampagnen-Experte, Autor und Speaker Philipp Maderthaner gründete sein Unternehmen Campaigning Bureau bereits 2012. Die Liste der erfolgreich umgesetzten Kampagnen ist lang. Wenn Sie einen Blick darauf werfen möchten, werden Sie einige der realisierten Kampagnen vermutlich sogar kennen. Maderthaner hat es sich zur Aufgabe gemacht, Gründer*innen beziehungsweise Unternehmer*innen auf dem Weg in die Selbstständigkeit zu helfen. In seinem Podcast »Business Gladiators Unplugged« geht Maderthaner Fragen nach, die sich im Laufe der Gründung beziehungsweise an bestimmten Zeitpunkten der Selbstständigkeit fast zwangsläufig ergeben. Die im Podcast behandelten Themen reichen vom richtigen Zeitpunkt, zu gründen, über Fragen, was eine Marke erlebar macht und was meine Arbeit überhaupt wert ist, bis hin zum Erreichen von medialer Präsenz.

Auf der Website seines Campaigning Bureaus führt Maderthaner einen Blog zu ähnlich gearteten Themen. Auch hier geht es um Kundenbindung, Facebook-Stragien, DSGVO etc. Auch wenn der Blog

– passend zum Kern des Unternehmens – im Gegensatz zum Podcast immer wieder auch von Kampagnen handelt (Anm.: Campaigning Bureau und Business Gladiator sind zwei separate und voneinander unabhängige Unternehmen), steckt dennoch jede Menge Mehrwert für all jene darin, die sich mit dem Gründen beschäftigen oder bereits ein Unternehmen führen.

Zur Analyse des Wordings und als Best-Practice-Beispiel für das gelungene Implementieren eines Blogs auf der Website – über die Vorteile des Blogs wurde an anderer Stelle des Buches bereits ausführlich gesprochen – habe ich den mit Stand 10. Januar 2021 letzten Blog-Beitrag gewählt. In Zeiten, in denen sich das komplette Leben um Social Distancing dreht, überrascht und erfreut bereits der Titel des Beitrags gleichermaßen. Lesen Sie hier:

Liebe Unternehmen,
es ist Zeit für Nähe!
5 Geheimnisse um Zugehörigkeit über digitale Kanäle zu schaffen.
Selten wurde so viel über Nähe, oder vielmehr das Unterlassen derselben, gesprochen, wie in diesen Zeiten. »Social Distancing« ist der Begriff der Stunde. Gemeint ist die physische Distanz zur Vermeidung einer Virus-Ansteckung. Gefragt ist – in der digitalen Welt – das genaue Gegenteil. Während allerorts Menschen den Rückzug in ihre eigenen vier Wände antreten, gewinnen digitale Kommunikations-, Beziehungs-, Geschäfts-, Lern-, Unterhaltungs- und Organisations-Kanäle an Bedeutung. Digitale Nähe ist dabei mehr, als den wöchentlichen Newsletter zu verschicken oder die Welt mit Banner-Werbung zu beglücken, auf die niemand gewartet hat. Digitale Nähe zu schaffen, ist eine Kunst. Eine Kunst, die, wenn sie einmal beherrscht wird, in der Lage ist eines der bedeutendsten emotionalen Bedürfnisse von Menschen überhaupt zu stillen: Das Bedürfnis nach Zugehörigkeit.

Dort, wo Menschen sich zugehörig fühlen, sind sie zuhause. Egal ob im Verein, in der Gemeinde, in der Arbeit oder auch im Umgang mit Unternehmen als Konsumenten. Wo wir uns zugehörig fühlen, wollen wir bleiben. Wo wir uns zugehörig fühlen, wollen wir etwas beitragen. Wo wir uns zugehörig fühlen, fühlen wir uns sicher. Wer also in unsicheren Zeiten in der Lage ist, Zugehörigkeit zu schaffen, wird dafür reich belohnt werden. Mit nicht enden wollender Treue, Unterstützung und – oft auch öffentlich kundgetaner – Begeisterung von Kundinnen und Kunden, sowie Mitarbeiterinnen und Mitarbeitern. Und ja, auch mit Umsatz.

Doch wie entsteht dieses wertvolle Gefühl der Zugehörigkeit?
Als Campaigning Bureau durften wir in den vergangenen Jahren knapp 300 Kampagnen, Communities und Bewegungen aus der Taufe heben und begleiten. Darunter große »Movements«, wie jenes für Sebastian Kurz 2017 und 2019. Ebenso gesellschaftlich relevante, themenbezogene Communities, wie jene rund um Niederösterreichs Bauern, oder rund ums Thema Zivil-Courage in der Schweiz oder Blutspenden für das Rote Kreuz. Über die Jahre haben immer mehr Unternehmen diese Ansätze für sich entdeckt. Mit ihnen haben wir Kunden aktiviert, für die eigene Unternehmens-Mission kampagnisiert oder rund um Aktionen neue Zielgruppen involviert. Zuletzt haben wir unseren »Movement Campaigning«-Ansatz verstärkt auch für interne Kommunikation und »Employee Engagement« zum Einsatz gebracht. Die Erkenntnisse waren in all den Projekten immer die gleichen. Das sind die 5 Dinge auf die's ankommt, wenn's darum geht, Nähe und Zugehörigkeit zu schaffen:

1. Teile etwas von dir!
Schlüssel Nummer 1 ist identitätsstiftende Kommunikation. Voraussetzung dafür ist, etwas von der eigenen Identität preis zu geben. Das heißt für etwas zu stehen, sich für etwas zu begeistern, eine Leidenschaft und Überzeugung zu haben – und das zu teilen! Gib deinem Unternehmen mehr Bedeutung, als bloß den Vertrieb deiner Produkte. Finde etwas, an das du glaubst, wofür du brennst, was dir wichtig ist – und das gleichzeitig Bedeutung für andere hat. So entsteht an-

steckende Begeisterung. Auch gegenüber Mitarbeiterinnen und Mitarbeitern. Was es braucht sind Unternehmen mit Persönlichkeit!

2. Stifte Nutzen!

Es gibt eine verlässliche Strategie um dauerhaft Beziehungen aufzubauen und Nähe zu schaffen und die heißt: Nutzen stiften. Wer sich stets darauf konzentriert mit der eigenen Kommunikation Nutzen bei anderen zu stiften (und weniger auf das eigene Sendungsbewusstsein), gewinnt das Rennen. Das braucht Empathie und Hingabe. Beides zahlt sich aus!

3. Mach es menschlich!

Mach dir bewusst: Menschen kommunizieren mit Menschen, nicht mit Türschildern und auch nicht mit Unternehmen und Institutionen (nur bei Beschwerden, machen Menschen davon eine Ausnahme). Das bedeutet im ersten Schritt: Es ist Zeit, deine Newsletter zu entsorgen. Die wöchentliche Müllabfuhr, mit der viele Unternehmen den Mist der vergangenen Woche zu ihren Empfängern transportieren, um diesen pünktlich am Freitag um 13 Uhr dort abzuladen, hat ausgedient. Personalisiere deine Kommunikation. Das beginnt bei persönlichen, individualisierten und interaktions-orientierten Emails.

4. Ermögliche Teilhabe!

Gemeinsam Großes zu bewegen schweißt unendlich zusammen. Was ist es, das du gemeinsam mit deinen Kundinnen und Kunden oder deinen Mitarbeiterinnen und Mitarbeitern bewegen könntest? Gerade auch in dieser Zeit, wo wir alle gefragt sind. Ist es ein »Projekt«? Ist es etwas, wo ihr ein »Zeichen« setzen könnt? Ist es etwas, wo alle zusammen helfen können? Nichts stärkt Zugehörigkeit mehr, als das gemeinsame Ganze.

5. Zeig dich!

Jetzt ist nicht die Zeit für Verstecken. Zeig dich! Das heißt: Content produzieren und präsent sein. Das heißt auch – ja, leider – Werbegeld in die Hand nehmen, damit in sozialen Netzwerken auch die richtigen Zielgruppen angesprochen und Reichweite erzielt wird. Es reicht nicht, guten Content zu produzieren, wenn ihn niemand sieht. Dabei muss vor allem Bewegtbild nicht immer einer Hollywood-Produktion gleichen. Vielmehr zählt Authentizität, echte Hingabe und auch Frequenz.

Viele Unternehmen bauen heute schon auf eine beachtliche Zahl an Kontakten. Ob in Email-Verteilern oder sozialen Netzwerken. Jetzt ist die richtige Zeit, um aus diesen Kontakten auch tragfähige Beziehungen zu machen und echte Zugehörigkeit zu schaffen. Es ist Zeit für neue Nähe!

Ich habe es eingangs erwähnt: Heute über Nähe zu schreiben, grenzt angesichts der Covid-19-Pandemie fast schon an Zynismus. Könnte man meinen. Es könnte aber auch ein genialer rhetorischer Schachzug insofern sein, als Nähe oder vielmehr der Wunsch danach bei den meisten von uns mittlerweile derart groß ist, dass das Identifizieren dieses Mankos bei gleichzeitiger Erfüllung die Leserin, den Leser zunächst erstaunt, dann aber zufrieden zurücklässt. Es ist Zeit für Nähe. Wir stimmen zu. Es folgen fünf Geheimnisse, um Zugehörigkeit über digitale Kanäle zu schaffen. Keine fünf Vermutungen, keine fünf Thesen, nein, fünf Geheimnisse, die nun gelüftet werden. Und wir dürfen alle beim Lüften des Geheimnisses dabei sein, freiwillig sowieso, kostenlos obendrein. Dass der Blog-Beitrag derart ins Schwarze trifft, liegt nicht nur daran, dass uns Unternehmern gesagt wird, wie wir in schwierigen Zeiten diese Nähe schaffen, sondern dass gleichzeitig jene Personengruppe, von der wir unternehmerisch am meisten abhängig sind, unseren Kund*innen nämlich, indirekt angesprochen wird. Unseren Kund*innen soll ebenfalls Nähe zuteilwerden. Und zwar über digitale Kanäle. Das klingt erfolgversprechend. Und das ist es auch. Nähe für alle. Der Blog-Beitrag erklärt den Zusammenhang zwischen dem Zugehörigkeitsgefühl von Follower*innen und Kund*innen und der wertvollen öffentlich kundgetanen Begeisterung für das Unternehmen.

Genannte Begeisterung schlägt sich im besten Fall direkt auf den Umsatz nieder. Allein das zu begreifen, allein diesen Zusammenhang zu verstehen, ist für Gründer*innen absolut Gold wert. Und zeigt, dass sich unsere Mühen und Anstrengungen, sich mit dem Thema Social Media nicht nur oberflächlich, sondern auf einer tieferen Ebene zu beschäftigen, lohnen werden. Im Kapitel über Social Media haben wir über das Ziel der höheren Aktivität von Followern bereits gesprochen. Darum geht es hier auch. Es geht um das Ansprechen der Emotionen, darum, Zugehörigkeit zum Unternehmen entstehen zu lassen, damit Interessent*innen zu Kund*innen werden.

Schließlich werden die fünf Geheimnisse gelüftet. Und zwar, vielleicht haben Sie es selbst sofort bemerkt, im Imperativ:

Teile etwas von dir! Stifte Nutzen! Mach es menschlich! Ermögliche Teilhabe! Zeig dich!

Aus vorigen Kapiteln wissen Sie bereits, dass Kundenkommunikation im Imperativ heute eine absolut gängige und empfohlene Ansprache ist, weil sie einerseits keinen Platz für Zweifel lässt und andererseits Zeit spart. Die Kundin und der Kunde, im Fall des Blog-Beitrags sind das wir Unternehmer*innen, braucht sich nicht mehr zu überlegen, ob es eine gute Idee ist oder nicht, seine Persönlichkeit in die Marke einzubringen. Es steht ja da: »Teile etwas von dir!« Punkt zwei ist für all jene interessant, die sich immer wieder fragen: Was soll ich auf Social Media zeigen? Die Antwort lautet: Etwas, was den Wunschkund*innen nutzt. Nutzt es nicht, löst es keine Begeisterung aus und die Follower-Aktivität bleibt niedrig.

Falls Sie sich noch an das Kapitel über den Nutzen von Newslettern erinnern, wissen Sie vielleicht noch, dass ich dazu die eine oder andere kritische Anmerkung hatte. Das liegt nicht daran, dass Mailings heute nicht mehr zweckmäßig sind. Denn gerade im Sinne der Messbarkeit haben sie eindeutig Vorteile gegenüber anderen Kommunikationskanälen. Der Punkt ist die Handhabe. Wenn wir uns darauf fokussieren, Neues auf einer persönlichen Ebene zu kommunizieren, haben Newsletter natürlich (!) noch Erfolgspotenzial. Aber auch Maderthaner schreibt hier sinngemäß vom »wöchentlich abgeladenen Müll« – eine Vorgehensweise, die eben nicht dazu führt, Begeisterungsstürme auszulösen. Und in einem letzten Punkt: Es ist nicht die Zeit, sich zu verstecken. Content muss gesehen werden. Und wir haben schon erwähnt, wie Social Media funktioniert. Wer auf Instagram nicht regelmäßig postet, wird mit dem Ausspielen an weniger Follower*innen abgestraft. Wer nicht regelmäßig präsent ist, wird übersehen. In einem abschließenden Satz erwähnt Maderthaner noch etwas meines Erachtens absolut Wesentliches. Ich übersetze den Satz in einen Slogan:

Erfolgreiches Unternehmertum heißt, aus Kontakten Beziehungen zu machen und Zugehörigkeit zu schaffen.

Maderthaner sagt, es sei Zeit für neue Nähe. Wir sagen: ja.

Green City Solutions[17]

Das Start-up Green City Solutions hat es sich zum Ziel gemacht, die Luft, insbesondere im städtischen Bereich und da, wo Abgaswerte besonders hoch sind, besser zu machen. Der natürliche Feinstofffilter Moos kommt hier als zentraler Bestandteil der CityTrees, kombiniert mit einer speziellen Technologie, zum Einsatz. Obwohl die erfolgreichen Gründer*innen natürlich primär durch ihre revolutionäre und nachhaltige Idee auf sich aufmerksam machen, zählt für uns die Frage: Wie vertreibt das Team um Green City Solutions das Produkt auf sprachlicher Ebene?

Ich habe das Unternehmen Green City Solutions aufgrund der Klarheit und Verständlichkeit der Texte ausgewählt. Was auf den ersten Blick so simpel erscheint, ist in Wahrheit rhetorische Kunst. Kunst deshalb, weil es nämlich alles andere als einfach ist, einen hochtechnischen und komplizierten Sachverhalt in wenigen Sätzen so darzustellen, dass ihn jeder sofort kapiert. Im Zentrum von Green City Solutions steht der CityTree, der den Bewohnerinnen und Bewohnern von mittelgroßen bis großen Städten saubere und frische Luft garantiert. Dahinter steckt eine Technologie, die das Start-up so beschreibt:

> *Moos hat die natürliche Eigenschaft Feinstaub zu binden und zu verstoffwechseln. Zusätzlich kühlen Moose die Umgebungsluft, indem sie auf ihrer enorm großen Blattoberfläche Wasser verdunsten. Wir vereinen diese natürlichen Fähigkeiten mit modernster Internet of Things-Sensorik und aktiver Ventilations- und Bewässerungstechnologie. Die Kombination dieser Technologien sichert nicht nur das Überleben der Moose außerhalb ihres natürlichen Habitats, sondern optimiert zusätzlich ihren Kühl- und Filtereffekt auf die Umwelt. Die verbaute IoT-Sensorik generiert zusätzlich in Echtzeit enorme Datenmengen, die durch ein eigens entwickeltes Online-Dashboard sichtbar gemacht werden und zum Nachweis der Luftqualität sowie der Umweltleistung des Bio-Filters genutzt werden können.*
>
> *DIE LUFT VERBESSERN IN 4 SCHRITTEN*
> *WIE FUNKTIONIEREN UNSERE LUFTFILTER?*
>
> *SCHRITT 1*
> *Verschmutzte, warme Luft wird durch die integrierten Ventilatoren angesaugt.*
>
> *SCHRITT 2*
> *Die Luft strömt durch die vertikalen Moosmatten und wird dabei gereinigt und gekühlt.*

SCHRITT 3
Die saubere, kühle Luft gelangt durch das ökologische Verschattungsdesign in die Umgebung.

SCHRITT 4
Die integrierte Sensorik steuert die Moosversorgung und misst Performance & Umweltdaten in Echtzeit.

DER CITYTREE
WIR BRINGEN DIE NATUR ZURÜCK IN DIE STADT
Der CityTree ist der weltweit erste Biotech Feinstaubfilter für urbane Räume. Integrierte Moosmodule bringen den Wald in die Stadt und sorgen für nachweislich und spürbar saubere Luft. Wir kombinieren die natürliche Filterkraft von Moosen mit smarter IoT-Technologie. Durch ein automatisiertes Bewässerungs- und Ventilationssystem kann der CityTree die umliegende Luft säubern und kühlen. Unabhängige Untersuchungen zeigen, dass direkt am Moos bis zu 82% des Feinstaubes in der Luft gefiltert werden und die Luft zusätzlich um bis zu 2.5°C gekühlt wird.

Alles klar? Botschaft angekommen? Wenn ja, dann hat Green City Solutions alles richtig gemacht.

Evernest[18]

Beim Start-up Evernest geht es um den Verkauf und die Bewertung von Immobilien.

Evernest? Klingt irgendwie nach Vogelnest, finden Sie nicht auch? Nest, Nestchen, Vögel, Vogelbau, kuschelig, sicher, geschützt. Das wären meine ersten Assoziationen. Und ever? Was könnte das bedeuten? Haben Sie eine Idee? Auf Deutsch übersetzt heißt *ever* immer, jemals, aber in *forever* auch ewig. In der Verknüpfung könnte man assoziieren: Jedes Nest.

Wird also Evernest mit »jedes Nest« übersetzt, dann wäre eine Verbindung mit dem fiktiven Slogan »Wir haben die passende Immobilie für jeden« geschaffen. Der Firmenname »Evernest« vereint Emotionalität, Merkfähigkeit, Einfachheit und auch, das habe ich bisher nicht angesprochen, den globalen Gedanken. Englischsprachige Firmennamen wirken oft breiter aufgestellt, weltumfassender, international. Und jetzt das Erstaunliche: Evernest, also in unserer Übersetzung das Nest für jeden, das private Eigenheim, der intimste Bereich des Lebens, gepaart mit einem weltoffenen Anspruch – das ist die rhetorische Kunst, die in diesem Firmennamen derart gelungen ist. Vielleicht ist Ihnen aber beim Firmenwortlaut Evernest auch eine zweite Assoziation gekommen. Eine Idee, die scheinbar auch die Autokorrektur während des Schreibens mit mir teilt, nämlich Everest, also konkret der Mount Everest, der höchste Berg der Erde. Das finde ich insofern spannend, als wir mit dem höchsten Berg sprachlich wieder im Superlativ sind; und zwar ohne das explizit auszudrücken. An anderer Stelle des Buches wurde erwähnt, dass es mitunter nicht immer sympathisch ist, sich als Beste oder Bester seiner Branche zu positionieren, zumal das Am-Besten-Sein schwierig zu beweisen ist. Hier passiert aber etwas anderes, nämlich eine indirekte Assoziation mit einem Superlativ. Ich halte das für ausgesprochen clever und auch nicht im Widerspruch mit unserem ersten Gedanken, dem privaten Wohnbereich. Was so oder so hervorsticht, ist die emotionale Komponente des Wohnens. Und wir können es nicht oft genug wiederholen: Wer es schafft, Menschen emotional zu berühren, Sehnsüchte zu wecken und Bedürfnisse zu befriedigen – und dies gekonnt in seinen Businesstexten transportiert – wird am Ende erfolgreich sein.

Die 10 wichtigsten Tipps fürs Gestalten von Businesstexten.

Zum Schluss dieses Buches möchte ich Ihnen noch meine zehn wichtigsten Tipps mitgeben, auf die Sie beim Gestalten Ihrer eigenen Businesstexte achten sollten.

Meine persönlichen Top-10-Tipps für authentische Businesstexte

1. Jeder gute Businesstext beginnt mit dem Wissen über die eigenen Unternehmenswerte, über die eigene Marke und Wunschkundschaft.
2. Der Firmenname muss einfach und eindeutig sein. Muss Sie die Wunschkundschaft am Telefon bitten, den Firmennamen beispielsweise in der E-Mail-Adresse zu buchstabieren, haben Sie verloren.
3. Die Verwendung rhetorischer Stilmittel verleiht Ihren Texten Lebendigkeit, macht sie qualitativ besser und erhöht den Wiedererkennungswert.
4. Fassen Sie sich beim Schreiben kurz und überlegen Sie, worauf der Fokus liegen sollte.
5. Je mehr Sie Ihre Zielgruppe einschränken, desto besser kann die Identifizierung gelingen.
6. Businesstexte für Social-Media-Kanäle sollten nahbar, authentisch und sympathisch sein. Ziel ist das Anheben der Interaktionsrate.
7. Verzichten Sie nicht auf Fachvokabular. Je nach Wunschkundschaft und Branche kann es sinnvoll sein, beispiels-

weise Herstellungsverfahren oder technologische Prozesse auch in Webtexten detaillierter zu erklären.

8. Verschicken Sie nur dann Newsletter, wenn es News gibt. So stellen Sie sicher, dass Sie ein gern gesehener Gast im Posteingang Ihrer Kundschaft bleiben.
9. Stellen Sie Ihr Ego in Imagefilmen hinten an. Ihre Zielgruppe interessiert sich in einem ersten Schritt nicht für Sie als Person, sondern einzig für die Frage: Welchen Vorteil habe ich, wenn ich dir zuhöre?
10. Haben Sie Spaß beim Schreiben. Gute Laune wirkt sich 1:1 auf die Wortwahl aus, und die positive Stimmung überträgt sich auf Ihre Wunschkunden*innen.

ÜBER DIE AUTORIN

Cornelia Czaker ist Deutschtrainerin, Lektorin und Texterin. Im Jahr 2017 hat sie sich mit ihrem Unternehmen Schreibamt selbstständig gemacht und unterstützt Unternehmen und Start-ups dabei, überzeugende und kundenwirksame (Web-)Texte zu schreiben. Neben Lektoraten für Studierende ist es die Leidenschaft der Autorin, sich immer wieder mit Sprache und ihrer Wirkung auf verschiedenen Ebenen auseinanderzusetzen.

LITERATUR

Heiser, Albert (2019): Wirkstoff Werbetext. Storytelling on- und offline. Für Konzeptioner, Werbetexter, Grafiker, Autoren, Redakteure und Auftraggeber. Wiesbaden: Springer Gabler Verlag

Schach, Annika (2015): Advertorial, Blogbeitrag, Content-Strategie & Co. Neue Texte der Unternehmenskommunikation. Wiesbaden: Springer Gabler Verlag

Schäfer, Martina (2014): Erfolgsfaktor Alleinstellungsmerkmal. Das Fundament für eine starke Kanzleimarke. Wiesbaden: Springer Gabler Verlag

Schulz, Benjamin (2020): Das große Personal Branding Handbuch. Frankfurt am Main: Campus Verlag

Sens, Bastian (2017): Schluss mit 08/15-Websites – so bringen Sie Ihr Online-Marketing auf Erfolgskurs. 79 Tipps für Ihren Online-Auftritt. Wiesbaden: Springer Gabler Verlag

Vogt, Wolfgang (2017): Schlankes Marketing für den Mittelstand. Effizient, nachhaltig und zielgruppengerecht. Wiesbaden: Springer Gabler Verlag

ANMERKUNGEN

1 Schäfer 2014, S. 3
2 Schach 2015, S. 18
3 vgl. Sens 2017, S. 5
4 Vogt 2017, S. 17
5 ebd., S. 17
6 Schulz 2020, S. 335
7 Schach 2015, S. 11
8 ebd., S. 11
9 Schach 2015, S.12
10 https://www.dazu.at/
11 https://horizn-studios.com/en/
12 https://www.meinlamgraben.at/
13 https://www.frauhoelle.com/about/
14 https://www.joseph.co.at/de/
15 https://gea-waldviertler.at/
16 https://www.campaigning-bureau.com/blog
17 https://greencitysolutions.de/
18 https://www.evernest.com/de/